Teubner Studienbücher Chemie

K. Krohn / U. Wolf
Kurze Einführung in die
Chemie der Heterocyclen

Teubner Studienbücher Chemie

Herausgegeben von

Prof. Dr. rer. nat. Christoph Elschenbroich, Marburg
Prof. Dr. rer. nat. Friedrich Hensel, Marburg
Prof. Dr. phil. Henning Hopf, Braunschweig

Die Studienbücher der Reihe Chemie sollen in Form einzelner Bausteine grundlegende und weiterführende Themen aus allen Gebieten der Chemie umfassen. Sie streben nicht die Breite eines Lehrbuchs oder einer umfangreichen Monographie an, sondern sollen den Studenten der Chemie – aber auch den bereits im Berufsleben stehenden Chemiker – kompetent in aktuelle und sich in rascher Entwicklung befindende Gebiete der Chemie einführen. Die Bücher sind zum Gebrauch neben der Vorlesung, aber auch – da sie häufig auf Vorlesungsmanuskripten beruhen – anstelle von Vorlesungen geeignet. Es wird angestrebt, im Laufe der Zeit alle Bereiche der Chemie in derartigen Lehrbüchern vorzustellen. Die Reihe richtet sich auch an Studenten anderer Naturwissenschaften, die an einer exemplarischen Darstellung der Chemie interessiert sind.

Kurze Einführung in die Chemie der Heterocyclen

Von Prof. Dr. rer. nat. Karsten Krohn
und Dr. rer. nat. Ulrich Wolf
Universität-GH-Paderborn

 B. G. Teubner Stuttgart 1994

Prof. Dr. rer. nat. Karsten Krohn

Geboren 1944 in Hademarschen, Kreis Rendsburg/Schleswig-Holstein. Studium der Chemie an der TU Berlin und an der Universität Kiel. Promotion 1971 bei A. Mondon in Kiel mit einer Arbeit über die Strukturaufklärung und Synthese von Amaryllidaceen-Alkaloiden. Habilitation 1979 und Lehrbefugnis für die Fächer Biochemie und Organische Chemie an der Universität Hamburg. Berufung 1981 an die TU Braunschweig und Ernennung zum C 2 Professor. Seit 1991 ordentlicher Professor an der Universität-GH-Paderborn. Gastprofessur 1984 an der University of Wisconsin, Madison, USA. Schwerpunkt der wissenschaftlichen Arbeit ist die Naturstoffchemie in Verbindung mit organischer Synthesechemie (Isolierung biologisch aktiver Naturstoffe aus Pilzen, Synthese von Antitumor-Antibiotika, Übergangmetall-katalysierte Oxidationen und Reduktionen, Zucker- und Glycosidchemie)

Dr. rer. nat. Ulrich Wolf

Geboren 1944 in Flape, Kreis Olpe/Westfalen. Studium der Chemie an der Universität Münster. Promotion bei W. Flitsch über Azaazulene. Seit 1975 im Fachbereich der Chemie und Chemietechnik (Fachgebiet Organische Chemie) der Universität-GH-Paderborn als Akademischer Oberrat tätig.

Die Deutsche Bibliothek – CIP-Einheitsaufnahme

Krohn, Karsten:
Kurze Einführung in die Chemie der Heterocyclen / von
Karsten Krohn und Ulrich Wolf. – Stuttgart : Teubner, 1994
  (Teubner Studienbücher Chemie)
    ISBN 978-3-519-03532-9   ISBN 978-3-322-99650-3 (eBook)
    DOI 10.1007/978-3-322-99650-3
NE: Wolf, Ulrich:

Gesamtherstellung: Druckhaus Beltz, Hemsbach/Bergstraße

Inhaltsverzeichnis

Vorwort

Wir möchten diese kurze Einführung in die Chemie der Heterocyclen dem An-
denken an Herrn Professor W. Sucrow widmen.

Einer der Forschungsschwerpunkte von Herrn Sucrow war die Chemie der
Heterocyclen. Aber auch in der Lehre hat er diesem wichtigen Gebiet der
Organischen Chemie viel Gewicht beigemessen und so das gute Ansehen der
Chemieausbildung an der Universität-GH-Paderborn mitbegründet. Wir
möchten uns mit diesem Band dieser Tradition anschließen.

Das Buch erhebt keinen Anspruch auf Vollständigkeit, sondern wir haben uns
bewußt beschränkt, auch um den Rahmen der knapp bemessenen Lehrpläne
nicht zu sprengen. Wir hoffen aber, daß die Lektüre einen Überblick über das
Gebiet verschafft und fortgeschrittene Studenten und auch in der Forschung
tätige Kollegen in die Lage versetzt, aktuelle Originalarbeiten aus der Literatur
besser zu verstehen.

Manche Grundlagen der Heterocyclenchemie reichen schon lange zurück und
müssen trotzdem auch heute noch gebracht werden. Den Bezug zum aktuellen
Stand stellen etliche Beispiele aus der neueren Literatur dar, die mit genauer
Quellenangabe versehen sind. Daneben sind zum vertieften Studium Bücher,
Serien und Spezialzeitschriften aufgeführt.

Zur besseren Übersicht sind wichtige Begriffe oder Namen bei erstmaliger
Erwähnung fett und Autorennamen kursiv gedruckt.

Danken möchten wir Herrn Dr. Spuhler vom Teubner-Verlag für die gute
Zusammenarbeit.

Paderborn, im März 1994   K. Krohn, U. Wolf

1 Einleitung

Die Chemie der Heterocyclen ist sowohl im industriellen Bereich als auch in der akademischen Forschung von großer Bedeutung. Weit mehr als 60 % aller Verbindungen der Organischen Chemie kann man den Heterocyclen zuordnen. Viele Antibiotika, Hormone, Vitamine, Alkaloide, Pharmaka, Pflanzenschutzmittel und Farbstoffe sind Heterocyclen. Das breite Spektrum an Verbindungstypen sei durch die folgenden Beispiele verdeutlicht. Das **Dimethyldioxiran** und seine Derivate erlangen zunehmende Anwendung als ein umweltschonendes, universelles Oxidationsreagenz [1,2]. **Tosufloxacin** in ein Vertreter der **Chinolone**, die eine nicht von natürlichen Vorläufern abgeleitete, rein synthetische Klasse hochwirksamer Antibiotika darstellen. Ein Beispiel für die "Pigmente des Lebens" ist das cyclisch aufgebaute **Hematoporphyrin** (der eisenfreie Teil des Häms in den roten Blutkörperchen). Auch ohne die Vitamine (Beispiel **Pyridoxin, Vitamin B$_6$**) ist das Leben der höheren Organismen nicht denkbar. **Thiangazol** ist ein kürzlich aus dem Myxobakterium *Polyangium* sp. isolierter Naturstoff mit bemerkenswerten antiviralen Eigenschaften (HIV-Hemmung), in dem vier Fünfringheterocyclen linear miteinander verknüpft sind [3]. Die Natur nutzt heterocyclische Basen als Bestandteile der DNS wie das unten gezeigte **Adenosin** zur molekularen Informationsspeicherung, die Leben in der heutigen Form ermöglicht.

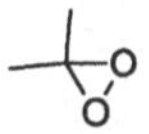

Dimethyldioxiran

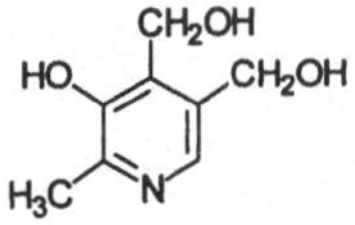

Pyridoxin (Vitamin B$_6$)

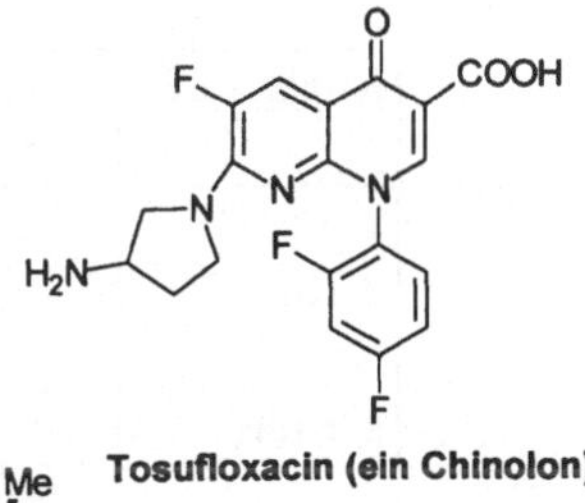

Tosufloxacin (ein Chinolon)

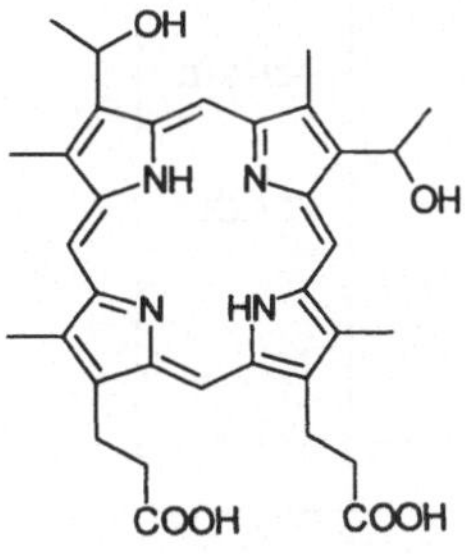

Hematoporphyrin

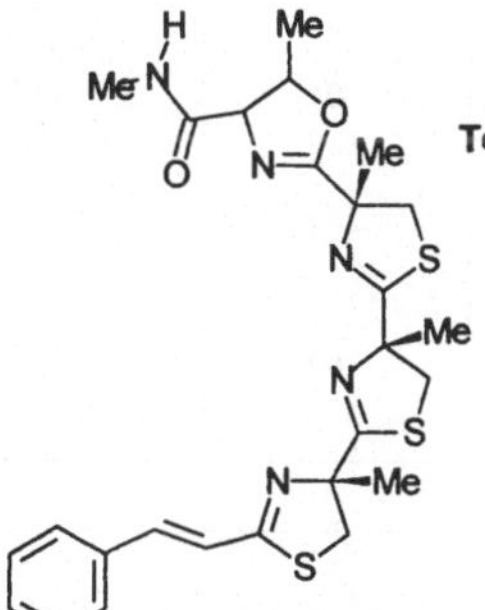

Thiangazol

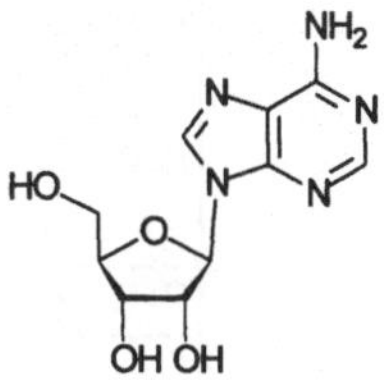

Adenosin

Diese kurze und willkürliche Auswahl zeigt die Strukturvielfalt und macht den enormen Stellenwert der Heterocyclenchemie innerhalb der Organischen Chemie deutlich. Weiter Beispiele aus den Bereichen der Herbicide, Fungicide, Insekticide und der Pharmazeutika ließen sich ohne Mühe in großer Zahl anführen.

1.1 Nomenklatur

Zunächst muß die Bezeichnung der monocyclischen Heterocyclen besprochen werden. Die erste Unterscheidund wird zwischen Ringen **mit** und **ohne** Stickstoff getroffen. Davon hängt in erster Linie die Endung (Suffix) des Namens unabhängig von der Anwesenheit anderer Heteroatome ab. Die Vorsilbe (Präfix) wird von der Art und Anzahl der Heteroatome bestimmt. Bei mehreren Heteroatomen gilt die Reihenfolge: **Oxa, Aza, Thia** (die wichtigsten Heteroelemente). Diese Reihenfolge bestimmt auch die Bezifferung. An den unten aufgeführten Beispielen sind die Regeln nachvollziebar; später werden die Regeln auch für mehrgliedrige Systeme an den jeweils besprochenen Beispielen wiederholt.

Ringe mit Stickstoff

Ringgröße	maximal ungesättigt	mit einer Doppelbindung	gesättigt
3-Ring	-irin	---	-iridin
4-Ring	-et	-etin	-etidin
5-Ring	-ol	-olin	-olidin
6-Ring	-in	---	---
7-Ring	-epin	---	---

Ringe ohne Stickstoff

	maximal ungesättigt	mit einer Doppelbindung	gesättigt
3-Ring	-iren	---	-iran
4-Ring	-et	-eten	-etan
5-Ring	-ol	-olen	-olan
6-Ring	-in	---	-an
7-Ring	-epin	---	-epan

Einige Beispiele:

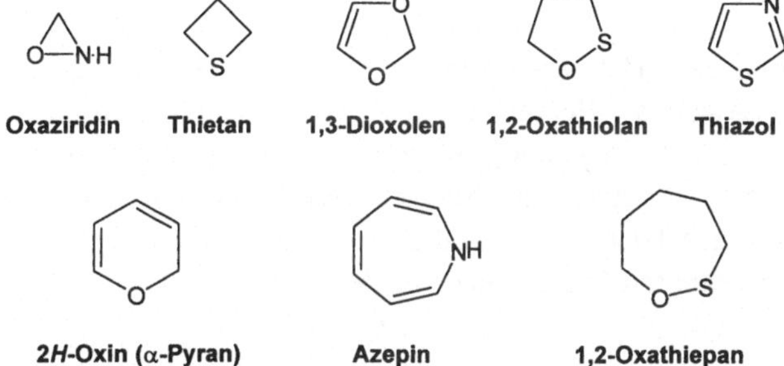

1.2 Unterteilung der Heterocyclen

Heterocyclen können nach einer Vielzahl von Kriterien klassifiziert werden wie z. B. der Anzahl und Art der Heteroatome, der Ringgröße, der Anzahl der Ringe etc. Für die Reaktivität ist der Grad der Sättigung eine wichtige Größe. Man unterscheidet die **Heteroalkane**, **Heteroalkene** und **Heteroaromaten**.

1.2.1 Heterocycloalkane

Heterocycloalkane ähneln in vielen (nicht allen!) Eigenschaften den offenkettigen Verbindungen. Besonders in den physikalischen Eigenschaften gibt es Unterschiede zu den offenkettigen Analoga. So verleiht Ringspannung dem **Oxiran** besondere Reaktivität; das erhöhte Dipolmoment des **Tetrahydrofurans** ist ein Grund für die Beliebheit dieser Verbindung als dipolares, aprotisches Lösungsmittel. ε-**Caprolactam** läßt sich in Gegenwart katalytischer Mengen Wasser zu **Perlon** polymerisieren.

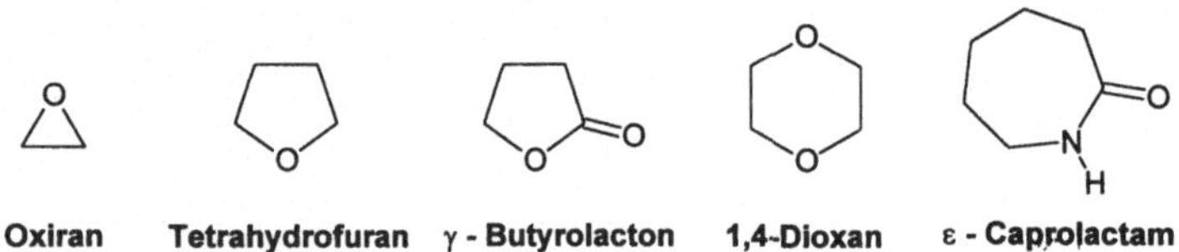

1.2.2 Heterocycloalkene

Ebenso zeigen die Heterocycloalkene die typischen Eigenschaften ihren offenkettigen Analoga. Hervorragendes Merkmal des **Dihydropyrans** als Enolether ist die Fähigkeit, unter Säurekatalyse an Alkohole zu **Tetrahydropyranylethern** (THP-Ether) zu addieren. THP-Ether sind eine beliebte Form des Schutzes von Alkoholen; sie sind basenstabil, lassen sich aber ebenso wie offenkettige Acetale mit Säuren leicht wieder spalten.

1.2.3 Heteroaromaten

Wenn die Hückel-Regel [(4n + 2) π-Elektronen] als alleiniges Kriterium für Aromatizität gelten soll, so sind streng genommen nur monocyclische, konjugierte carbocyclische Systeme aromatisch. Läßt man weitere Kriterien wie die ebene Geometrie, die Reaktivität (insbesondere das regenerative Verhalten) und den Ringstrom in der NMR-Spektroskopie gelten, so hat der Begriff "Heteroaromat" seine Berechtigung. Eine ausführliche Diskussion dieses Begriffs findet man bei *Katritzky* [4].

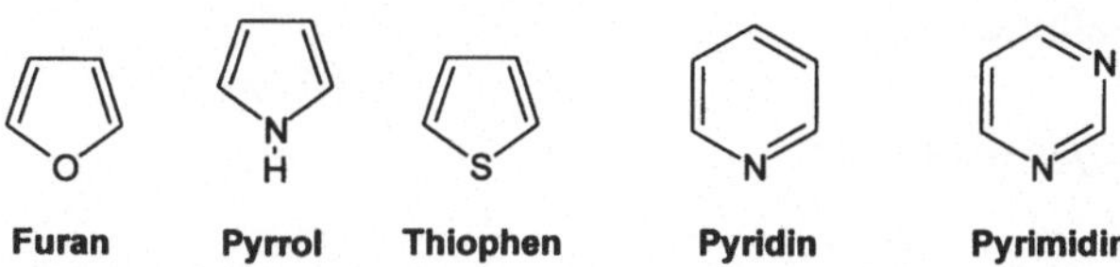

2 Drei-und Vierringheterocyclen

2.1 Epoxide (Oxirane)

2.1.1 Herstellung

Die *Prileschajew*-Reaktion

Die Umsetzung von Olefinen mit Persäuren verläuft als elektrophile *cis*-Addition; die *E/Z*-Geometrie der Doppelbindung findet sich deshalb im Produkt wieder. Der Reaktionsmechanismus wird, wie nachfolgend beschrieben, als Mehrzentrenprozeß formuliert. Die als Oxygenierungssreagenzien eingesetzten Persäuren gewinnt man durch Umsatz von Carbonsäuren mit Perhydrol (30proz. Wasserstoffperoxid). Die Reaktivität der eingesetzten Persäuren nimmt in nachfolgender Reihe ab:

$$F_3CCO_3H > H\text{-}CO_3H > CH_3\text{-}CO_3H > Ph\text{-}CO_3H > m\text{-}Cl\text{-}Ph\text{-}CO_3H$$

Aus der obigen Reihenfolge erkennt man, daß die Reaktivität mit wachsender Elektronegativität des Säurerestes zunimmt. Der Hauptgrund ist die zunehmende Polarisierung der *O-O*-Bindung, die im Zuge der Epoxidierung gebrochen werden muß. Die käufliche *meta*-Chlorperbenzoesäure (MCPBA) ist vielleicht das am häufigsten verwendete Epoxidierungsreagenz; um verpuffungsartige Zersetzung zu vermeiden, ist sie im Gemisch mit Wasser (ca. 70 %) im Handel. Als stabilere Alternative wird auch das gut wasserlösliche Magnesium-monoperoxyphthalat-Hexahydrat (MMPP) angeboten [5]
In sehr polaren Lösungsmitteln dissoziiert die Persäure:

$$R\text{-}CO_3H \quad \rightleftharpoons \quad R\text{-}CO_2^{\ominus} + OH^{\oplus}$$

Die Reaktionsgeschwindigkeit der eingesetzten Olefine nimmt in Abhängigkeit vom Alkylierungsgrad der Doppelbindung wie folgt ab:

$$CH_3)_2C{=}C(CH_3)_2 > CH_3\text{-}CH{=}CH\text{-}CH_3 > CH_3\text{-}CH{=}CH_2 > CH_2{=}CH_2$$

relat. RG: 6500   500   20   1

Diese Reihenfolge liefert einen deutlichen Hinweis auf den Mechanismus. Offensichtlich reagieren elektronenreiche Olefine (falls nicht extreme sterische Hinderung vorliegt) rascher; es muß sich also um einen nucleophilen Angriff der Elektronen der Doppelbindung auf den elektrophilen Sauerstoff der Peroxid-Bindung handeln, wie das nachfolgende Reaktionsschema zeigt.

Elektronenarme Doppelbindungen reagieren mit Persäuren nur noch sehr langsam und häufig überhaupt nicht mehr. Als Ausweg zur Epoxidierung bietet sich dann die nucleophile Addition des Peroxid-Anions im alkalischen Medium an. Die Bildung des Epoxids verläuft hier über zwei Stufen; das Intermediat (hier als Carbanion formuliert) ist um die frühere Doppelbindung frei drehbar und die stereochemische Information geht in der Regel verloren: die Reaktion ist nicht mehr stereospezifisch. Als Base genügt oft schon Kaliumcarbonat; für Reaktionen in nichtwäßrigen Lösungsmitteln kann auch *tert*-Butylhydroperoxid eingesetzt werden.

Ein schönes Beispiel für die unterschiedliche Reaktivität und damit Selektivität von chemischen Reaktionen ist die Umsetzung von Jonon. Mit Persäuren wird die elektronenreiche Doppelbindung des Rings, mit Wasserstoffperoxid/Base die des α,β-ungesättigten Ketons angegriffen.

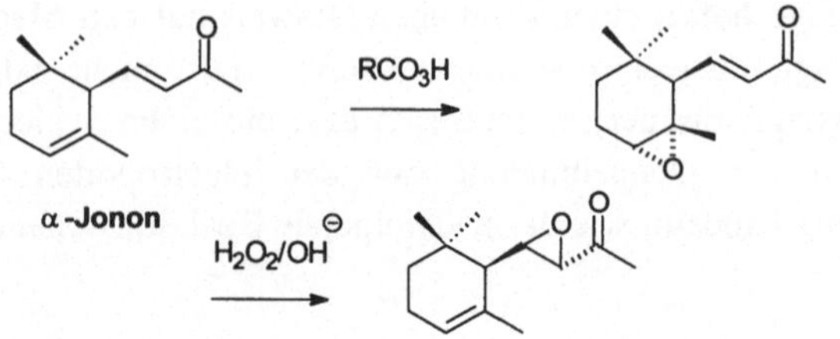

Epoxide lassen sich klassisch auch noch durch intramolekulare S_N–Reaktion aus Halogenhydrinen gewinnen. Dabei wird durch den Einsatz starker Basen Halogenwasserstoff eliminiert.

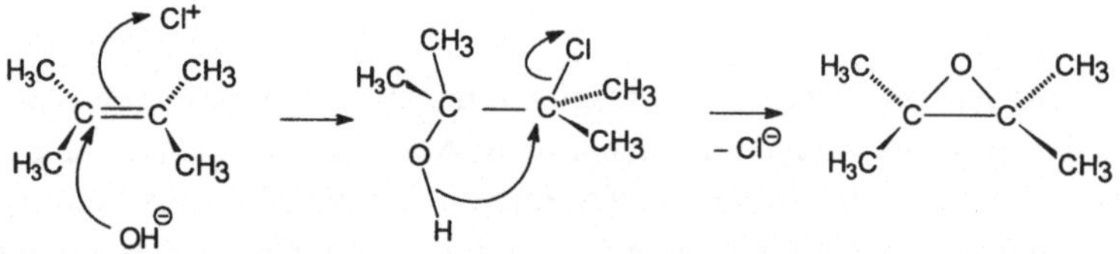

Die *Darzens*-Kondensation ist eine der älteren Methoden zur Synthese von Epoxiden. Im allgemeinen werden dabei 2-Halogencarbonsäureester mit Aldehyden und Ketonen in Gegenwart von Kalium-*tert*-butylat zu Glycidestern umgesetzt. Sie ist ein Beispiel für eine Reaktion die unter Aufbau einer *C-C*-Bindung verläuft (aufbauende Reaktion) und wird oft zur Kettenverlängerung genutzt.

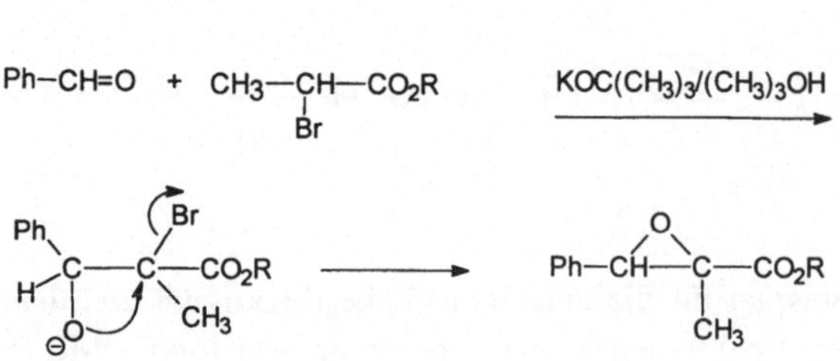

Die milde Hydrolyse unter alkalischen Bedingungen führt über die instabilen Glycidsäuren unter Decaboxylierung zu den um eine Methylengruppe kettenverlängerten Aldehyden bzw. Ketonen.

Mit seiner Veröffentlichung über die asymmetrische Epoxidierung von Allylalkoholen im Jahre 1980 leisteten *K. B. Sharpless* und Mitarbeiter einen entscheidenden Beitrag zur Synthese enantiomerenreiner Verbindungen [6]. Allylalkohole werden dabei mittels *tert*-Butylhydroperoxid in Gegenwart von Titantetraisopropylat und Diethyltartrat mit hoher asymmetrischer Induktion zum Epoxid oxygeniert. Die übertragene Chiralität ist dabei nur von dem jeweils eingesetzten Weinsäureester abhängig.

L-(+)-Diethyltartrat   D-(-)-Diethyltartrat
natürlich (L-(+)-DET)   unnatürlich (D-(-)-DET)

Der Mechanismus der Reaktion ist noch nicht vollständig geklärt. Der Katalysator liegt vermutlich als Dimer vor, welches entsteht, wenn jeweils zwei Isopropylreste durch Weinsäure ausgetauscht werden [6,7].

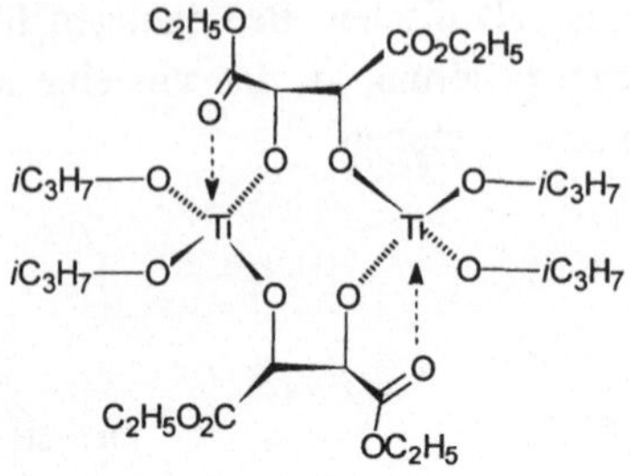

Im Verlauf der Reaktion kommt es dann in einem cyclischen Prozeß zur Fixierung des Allylalkohols und zur Übertragung des Sauerstoffs.

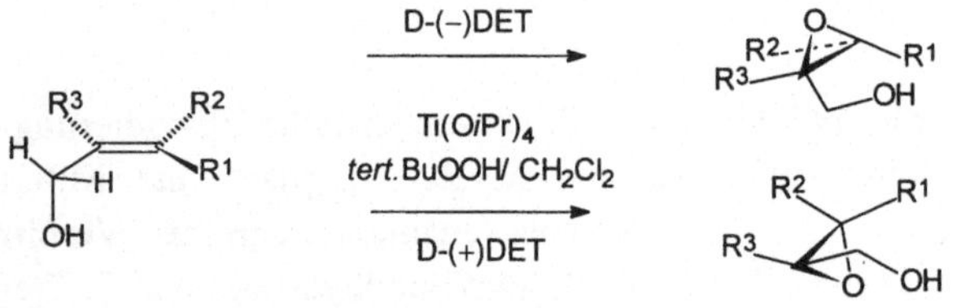

Mechanismus

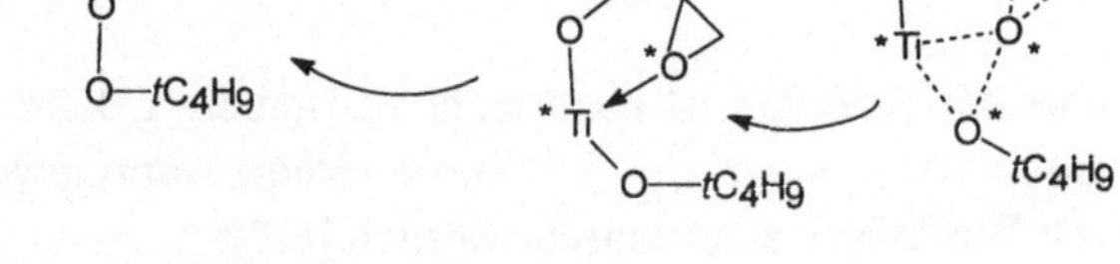

* = Träger der chiralen Information

Im Verlauf der Reaktion werden die Isopropylatreste durch den zu oxidierenden Allylalkohol und das Oxidationsmittel substituiert. In einem Mehrzentrenprozeß wird schließlich die allylische Doppelbindung enantioselektiv oxidiert. Wie nachfolgendes Beispiel zeigt, wird bei dieser Reaktion immer nur die allylische Doppelbindung angegriffen.

Umsetzung von Carbonylverbindungen mit Dimethylsulfoniummethylid

Die Herstellung von Epoxiden gelingt auch durch Methyleneinschiebung in eine *C*-O Doppelbindung. Dabei reagieren Schwefel-Ylide mit Aldehyden und Ketonen zu Epoxiden und nicht wie bei der Umsetzung von Phosphoryliden (*Wittig*-Reaktion) zu Olefinen.

Diese von *Corey* [8] erstmals vorgestellte Reaktion eröffnet eine elegante Variante zur Oxiransynthese. Die Umsetzung von Dimethylsulfonium- und Dimethylsulfoxonium-methyliden mit Ketonen zu den entsprechenden Epoxiden verläuft zumeist in hohen Ausbeuten. Diese Methyleneinschiebung gelingt jedoch nur schlecht oder oft überhaupt nicht mit leicht enolisierbaren Ketonen. Analog zur Wittig-Reaktion erfolgt zunächst der Angriff des nucleophilen Kohlenstoffs auf die Carbonylgruppe. Es bildet sich jedoch anschließend kein Vierring mit anschließender Spaltung in ein Olefin und O=X (X z.B. PR$_3$), sondern das nucleophile Sauerstoffanion greift das benachbarte Kohlenstoffatom unter Eliminierung von Dimethylsulfid und unter Ausbildung des Epoxids an. Ganz analog reagieren die entsprechenden Sulfoxoniummethylide.

**Umsetzung von Carbonylverbindungen mit Dimethyloxosulfonium-
methylid**

Epoxide erhält man auch als Nebenprodukte bei der Umsetzung von **Diazomethan** mit Aldehyden und Ketonen.

Die Ringspannung steht der Oxiranbildung entgegen. Deshalb entstehen bei
dieser Umsetzung auch bevorzugt die ringerweiterten bzw. kettenverlängerten
Reaktionsprodukte. Die Ausbeuten an Oxiranprodukten lassen sich steigern,
wenn wenigstens einer der Reste R^1 oder R^2 elektronenziehend auf das Car-
bonylkohlenstoffatom wirkt.
Epoxide gehen aufgrund der großen Ringspannung eine Reihe von Ringöffnungsreaktionen ein. Diese Reaktionen erfolgen durch eine Vielzahl von Verbindungen des Typs H-X. Die Palette der Moleküle vom Typ H-X erstreckt
sich von starken Säuren (H-Cl) über Wasser bis hin zu starken Basen (H-NR$_2$).
Es entstehen immer ß-substituierte Alkohole.

Der Oxiranring wird immer nucleophil geöffnet. Die Reaktion mit schwachen Säuren wie z.B. Wasser oder Methanol erfordert jedoch eine Protonenkatalyse.

2.1.2 Reaktionen

Säurekatalysierte Ringöffnung

Zu Beginn der säurekatalysierten Reaktion entsteht ein cyclisches Oxoniumion, das durch nachfolgenden nucleophilen Angriff in den Alkohol übergeführt wird. Die Reaktion verläuft nur teilweise regioselektiv. Das Nucleophil greift bevorzugt am sekundären Kohlenstoffatom an, da dieses nach erfolgter *O*-Protonierung die positive Partialladung besser stabilisieren kann als das primäre *C*-Atom.

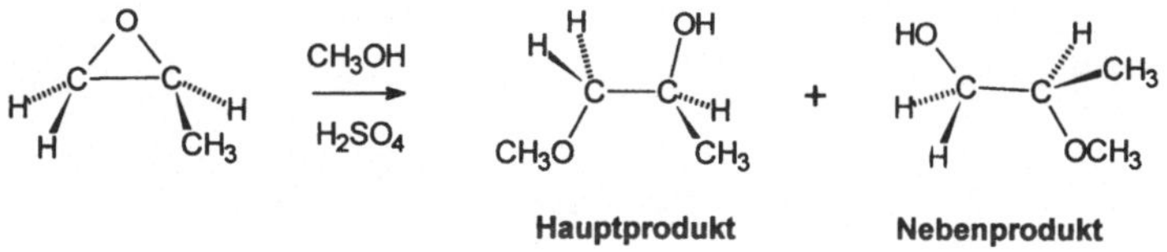

Mechanismus der Reaktion

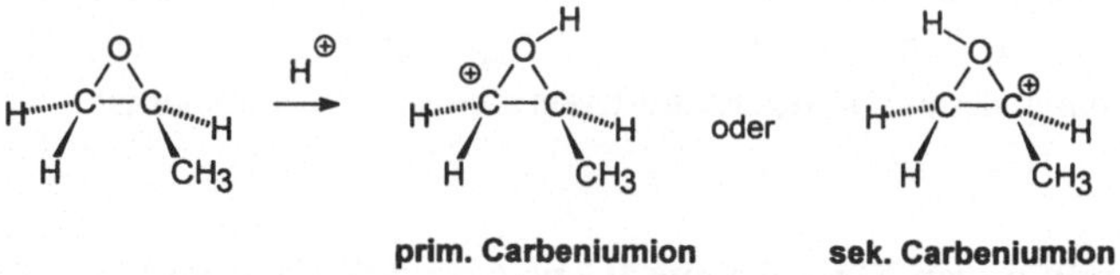

Nucleophile Ringöffnung

Die unkatalysierte nucleophile Ringöffnung der Oxirane verläuft dagegen regioselektiver. Der nucleophile Angriff erfolgt fast ausschließlich am weniger substituierten Kohlenstoffatom. Die Ringöffnung ist immer mit Inversion am Reaktionszentrum verbunden. Dementsprechend führt die Umsetzung von 1,2-

Epoxipropan mit Methylmagnesiumbromid zum 2-Butanol und die Reaktion mit Natrium-malonester zum stabilen Butyrolactonderivat.

1. Beispiel

$CH_3O^{\oplus}/CH_3OH$

2. Beispiel

$CH_3-CH_2-\overset{OH}{\underset{}{CH}}-CH_3 \quad \xleftarrow{CH_3MgBr} \quad \xrightarrow[RO^{\ominus}]{CH_2(CO_2R)_2}$

3. Beispiel

$Li\,AlH_4$

$CH_3-\overset{OH}{\underset{}{CH}}-CH_3$

Die Reduktion mit Lithiumaluminiumhydrid kann als klassische intramolekulare nucleophile Substitution vom S_N2-Typ angesehen werden, da sie durch Rückseitenangriff und **Waldensche Inversion** gekennzeichnet ist.

Ringöffnung durch Eliminierung (*Cope-Crandall*-Reaktion)

Allylalkohole lassen sich aus Oxiranen durch Eliminierung darstellen, wenn zum Oxiranring α-ständige Methylengruppen durch sehr starke, wenig nucleophile Stickstoffbasen deprotoniert werden. Die so gebildeten Carbanionen erzwingen dann unter Ringöffnung die Bildung der entsprechenden Allyalkohole [9].

$$R'RC(\text{--}O\text{--})CH\text{--}CH_2\text{--}R'' \xrightarrow{LiN(C_2H_5)_2} \left[\ldots \right] \longrightarrow$$

(-)-Pinenoxid $\xrightarrow{LiN(C_2H_5)_2}$

2.2 Thiirane (Episulfide)

2.2.1 Herstellung

Schwefelhaltige Dreiringheterocyclen (Episulfide) besitzen im Zusammenhang mit der Schädlingsbekämpfung, Textil-, Kautschuk- und Kunstoffverarbeitung technische Bedeutung. In geringer Menge findet man Thiirane im Rohpetroleum. Die Verfahren zur Synthese dieser Verbindungen sind in vielen Fällen denen der Epoxide ähnlich. Häufig werden sie sogar aus Epoxiden und geeigneten Schwefelverbindungen gewonnen.

Die durch Umsetzung mit Schwefelwasserstoff aus Oxiranen zugänglichen Ethylenthioglykole reagieren mit Phosgen zu Thiolcarbonaten. Diese stellen eine hervorragende Quelle zur Herstellung von Thiiranen dar, da sie in Gegenwart katalytischer Mengen kristalliner Soda oder Natriummethylat bei der Pyrolyse neben Kohlendioxid in hohen Ausbeuten Thiirane liefern [10].

$$CH_2(\text{--}CH_2\text{--})O \xrightarrow{H_2S} \begin{array}{l}CH_2\text{--}SH \\ CH_2\text{--}OH\end{array} + \begin{array}{l}Cl \\ Cl\end{array}C{=}O \longrightarrow \begin{array}{l}CH_2\text{--}S \\ CH_2\text{--}O\end{array}C{=}O$$

$$\xrightarrow{Na_2CO_3} \begin{array}{l}CH_2 \\ CH_2\end{array}{>}S + CO_2$$

Die Reaktion von 1,2-Epoxicyclohexan mit Kaliumthiocyanat führt in Gegenwart von Alkalien zu 1,2-Cyclohexylsulfiden. Dabei wird als isolierbare Zwischenstufe eine Oxathiolanstruktur durchlaufen.

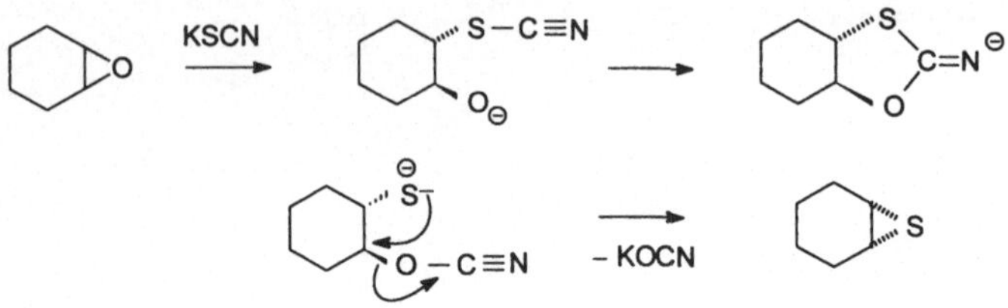

1,2-Epithiocyclohexan

2.2.2 Reaktionen

Nucleophile greifen Episulfide am S-Atom an (d-Orbitale des Schwefels); bei den Epoxiden erfolgt der Angriff von Nucleophilen wie gezeigt nur am *C*-Atom.

Die Herstellung von Olefinen aus Thiiranen gelingt durch Umsetzung mit Triethylphosphit oder Lithiumorganylen. Die Entschwefelungsreaktionen verlaufen stereospezifisch, da der nucleophile Angriff wie oben erwähnt an den d-Orbitalen des Schwefels erfolgt und die Olefinbildung sich ohne Auftreten von Ladungen vollzieht.

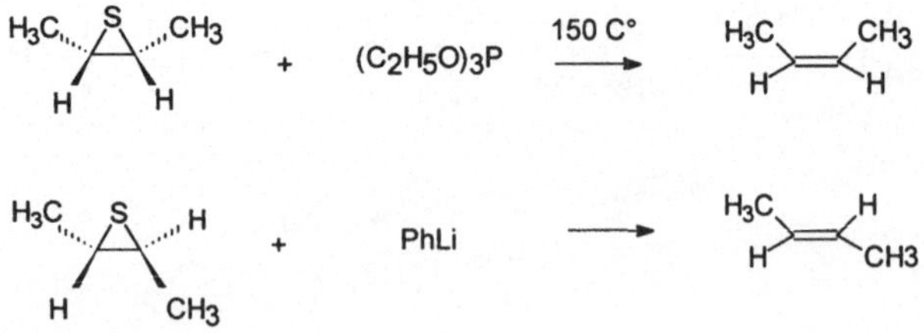

2.3 Aziridine (Ethylenimine)

Ethylenimin ist eine höchst giftige, äußerst carcinogen Flüssigkeit, die mit Wasser vollständig mischbar ist und schon bei Raumtemperatur zu 2-Aminoethanol hydrolysiert. Dargestellt wird die Verbindung am besten durch Erhitzen von 2-Aminoethanol mit Schwefelsäure und nachfolgender Behandlung mit Natriumhydroxid.

Besonderes Interesse verdienen acylierte Aziridine; sie zeigen sowohl präparativ als auch spektroskopisch ungewöhnliche Eigenschaften.

Aziridide reagieren mit Lithiumaluminiumhydrid zu Aldehyden und Aziridinen. Die Ursache für dieses ungewöhnliche Reaktionsverhalten liegt im räumlichen Bau des Aziridid-Moleküls begründet. Normale Carbonsäureamide weisen in ihrer mesomeren dipolaren Grenzstruktur optimale Orbitalüberlappung auf und können dadurch bedingt mit Lithiumaluminiumhydrid zu Aminen reduziert werden. Aziridide sind zu ähnlicher Mesomerie nicht befähigt, weil die große Ringspannung des Aziridids eine Verdrillung der Orbitallappen um etwa 30 Grad zur Folge hat. Die IR-Spektroskopie belegt eindrucksvoll diese Verhalten. Während Carbonsäureamide $C=O$-Absorptionen im Bereich von 1650-1680 cm^{-1} zeigen, beobachtet man bei Azirididen Carbonyschwingungen bei etwa 1730 cm^{-1}.

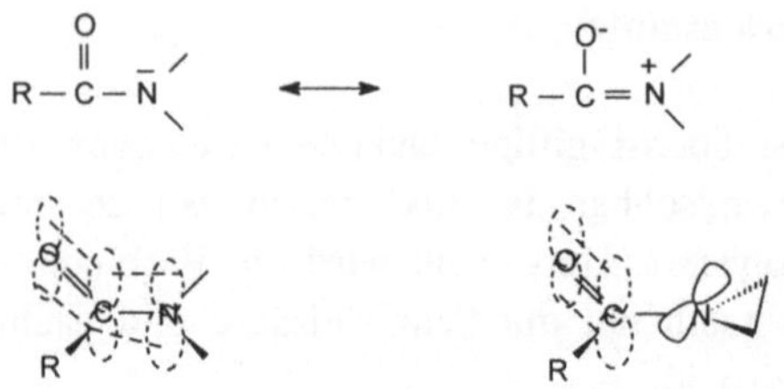

2.4 Oxaziridine

Analog der Herstellung der Epoxide nach *Prileschajew* durch Epoxidierung von Olefinen mit Persäuren lassen sich Oxaziridine durch Persäureoxidation von Azomethinen darstellen. Diese Verbindungen besitzen ein gewisses präparatives Interesse, da sie sich durch thermische Umlagerung in Säureamide überführen lassen.

2.4.1 Herstellung

Analog zu den Olefinen kann man Imine mit Persäuren zu den Oxaziridinen oxygenieren.

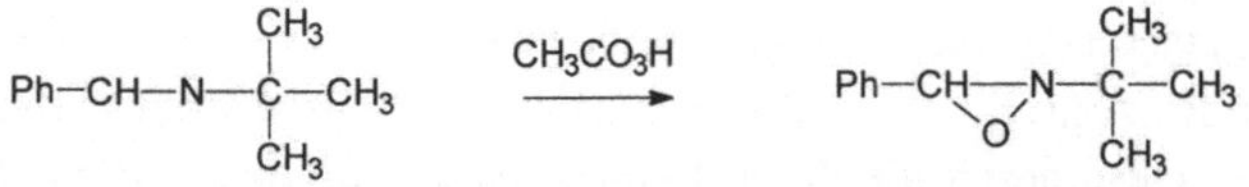

2.4.2 Reaktionen

Thermisch gehen Oxaziridine eine Umlagerung zu Amiden ein. Das kann z. B. bei einer Synthese des ε-**Caprolactams** ausgenutzt werden. Dazu wird die Schiffbase aus Cyclohexanon und *tert*-Butylamin mit einer Persäure zum Oxaziridin oxygeniert und dann thermisch zum *tert*-Butyl-ε-caprolactams umgelagert.

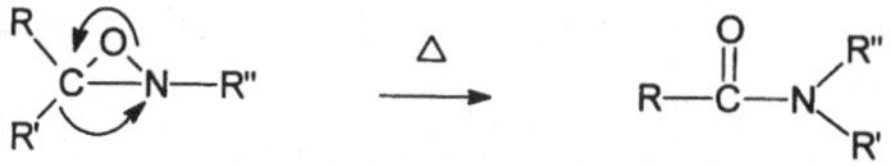

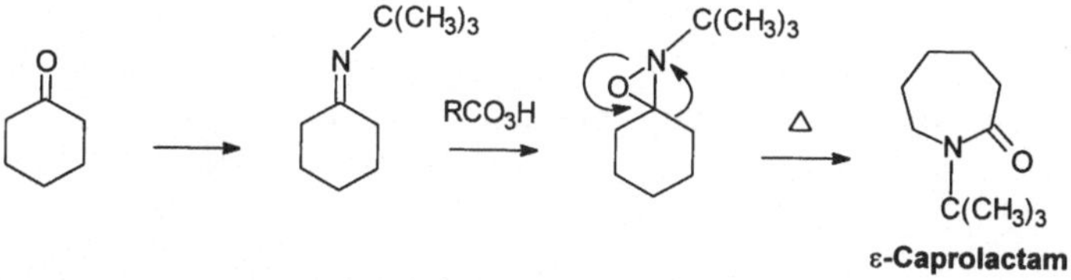

Oxaziridine sind im Gegensatz zur Übergangsmetall-katalysierten Oxygenierung mit Hydroperoxiden (z. B. *Sharpless*-Reaktion) in der Lage, auch nichtallylische Olefine zu epoxidieren [11]. In neuerer Zeit werden chirale Oxaziridine wie (Camphersulfonyl)oxaziridine mit hohen Enantiomerenüberschüssen zur enantioselektiven Hydroxylierung von Enolaten zur α-Ketolen eingesetzt (*Davis*) [12].

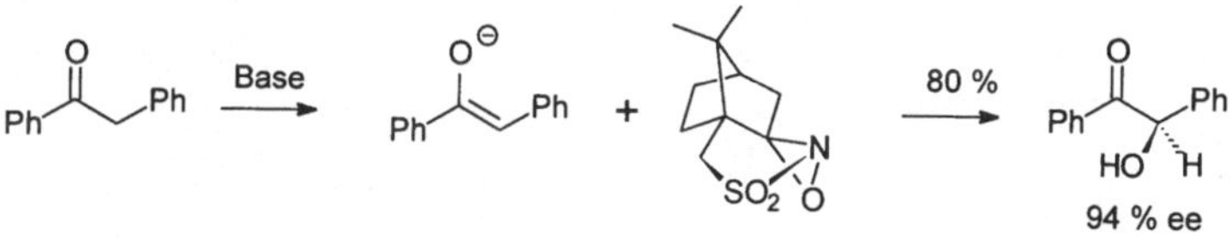

2.5 Diazirine, Diaziridine

Diazirine und **Diaziridine** sind cyclische Isomere aliphatischer Diazoverbindungen und Hydrazine. In den chemischen Eigenschaften unterscheiden sie sich beträchtlich von ihren offenkettigen Analoga. So ist z.B. Diazirin weit reaktionsträger als das isomere **Diazomethan**. Andererseits sind Diaziridine wesentlich stärkere Oxidationsmittel als offenkettige aliphatische Hydrazine.

2.5.1 Herstellung und Reaktionen

Diaziridine bilden sich bei der Umsetzung von Ketonen oder Aldehyden mit Ammoniak und Chlor (*Abendroth, Paulsen*). Es ist anzunehmen, das das zunächst gebildete Imin an ein Chloramin addiert und dann unter HCl-Eliminierung zum Diaziridin cyclisiert. Die Diaziridine können mit milden Oxidationsmitteln zu den Diazirinen dehydriert werden.

Die starke Oxidationskraft der Diaziridine zeigt sich in der Reaktion mit Iodwasserstoff. Bei dieser Umsetzung gehen die gespannten Ringsysteme unter hydrierender *N-N*-Bindungsspaltung in **Aminale** über, die ihrerseits leicht zu den Carbonylverbindungen hydrolysiert werden.

2.6 Oxetidine (β-Lactone)

Beispiele für gesättigte Vierringe mit Sauerstoffatom (Oxetidine) sind die β-Lactone. Sie kommen - wenn auch recht selten - als Naturstoffe vor; bekannt ist z. B. das **Lipstatin**, das über die Inhibierung der Pancreas-Lipase in die Resorption der Triglyceride eingreift [13]. Sie haben aufgrund ihrer Reaktivität (leichte Ringöffnung) auch Interesse als Synthesebausteine gefunden (*Mulzer*) [14]; (*Pommier*) [15].

Lipstatin

2.7 Azetidin

Von den Vierring-Heterocyclen besitzt der stickstoffhaltige Ring besondere
Bedeutung. Ein interessantes Beispiel für Azetidine in der Pharmaforschung ist
Dezinamid, eine in den Vereinigten Staaten untersuchte Droge zur Behandlung
von Epilepsie [16].

Dezinamid, ein Azetidin

Als Lactamring ist 2-Azetidinon Bestandteil der β-Lactam-Antibiotika. Proto-
typen der β-Lactame sind die Penicilline mit ankondensiertem Thiazolidinring,
die Cephalosporine mit ankondensiertem Dihydrothiazinring und die Peneme,
in denen der Schwefel der Penicillingruppe durch eine CH_2-Gruppe ersetzt ist.
Aufgrund ihner spezifischen Wirkung beim Aufbau der bakteriellen Zellwand
besitzen diese hochwirksamen Antibiotika für Säugetiere nur geringe Toxicität
(zu neuen Ergebnissen vgl.[17,18]). Die Formeln zeigen allgemeine Beispiele
aus der Gruppe der Penicilline, der Cephalosporine und Peneme. Als konkre-
tes Beispiel sei das **Thienamycin** (Sauerstoff im Ring anstelle des Schwefels
der Cephalosporine) und das Monobactam **Aztreonam** genannt. Die Gruppe
dieser Antibiotika ist ein Musterbeispiel dafür, wie weitgehend die Natur eine
Grundstruktur variieren kann und wie die Leitstrukturen durch semisltbenatic
sche Veränderung zu pharmakologisch brauchbaren Arzneimitteln umgewandelt werden können.

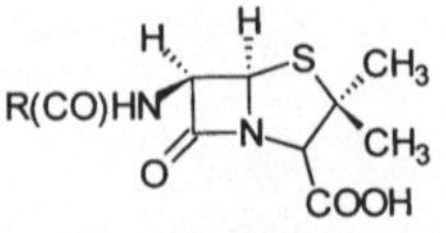

Penicilline 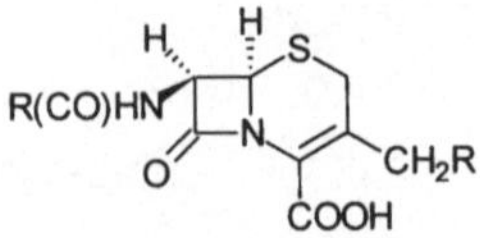   **Cephalosporine** 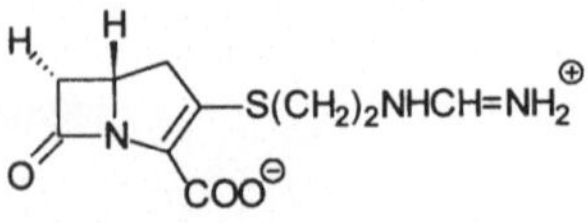   **Peneme**

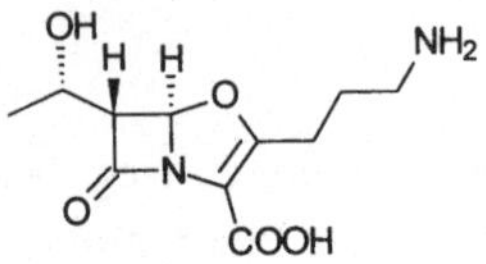

Thienamycin 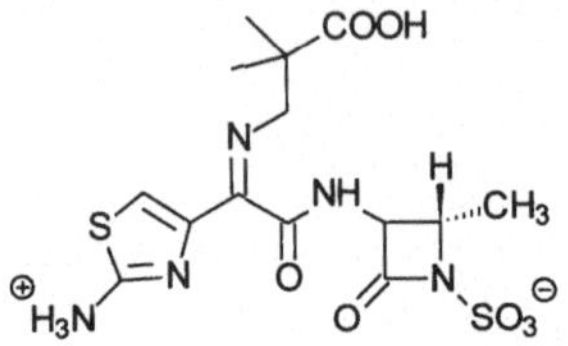   **Azetreonam (ein Monobactam)**

Die Synthese des 2-Azetidinons gelingt durch Dehydratisierung von 3-Amino-propionsäure in Gegenwart von **Dicyclohexylcarbodiimid** (*Sheehan*) [19].

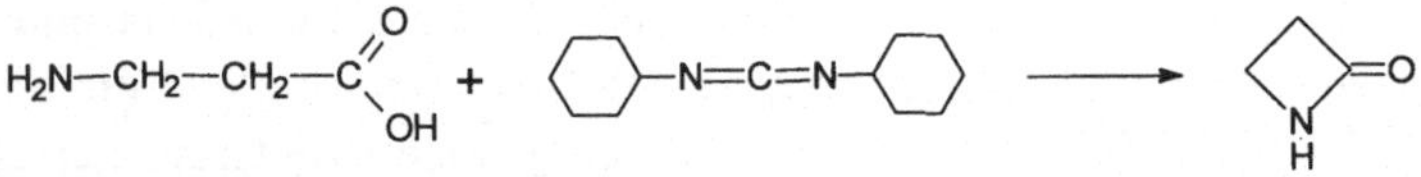

In einer modernen stereoselektiven Synthese wird ein Keten an ein Azomethin in einer [2 + 2]-Cycloaddition (Staudinger Reaktion) zum viergliedrigen Azetidinon zusammengefügt. Die enantiomerenreine Schiff-Base wird dabei aus dem entsprechenden Benzylamin und dem Acetonid des (*S*)-Glycerinaldehyds gewonnen (*Hubschwerlen* und *Specklin*) [20].

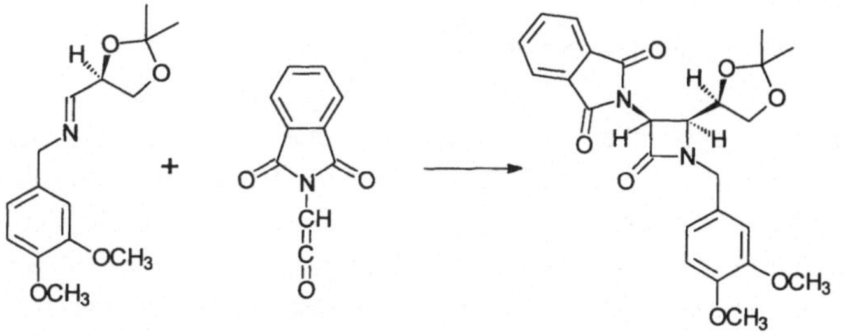

Im nachfolgenden Schema erkennt man den grundsätzlichen Aufbau in der Biosynthese aus den beiden Aminosäuren **Valin** und **Cystein**. Viele Details der Biosynthese sind jedoch recht komplex und erforderten detaillierte Untersuchungen (*Baldwin*).

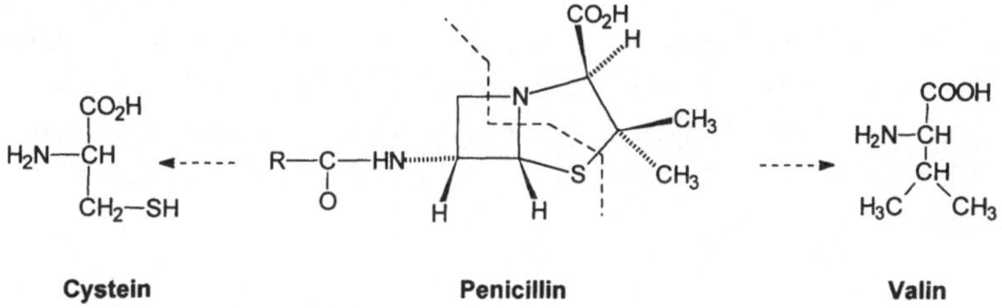

Cystein   **Penicillin**   **Valin**

Von der Vielzahl der therapeutisch verwendeten Penicilline seien hier nur **Penicillin G** (R = CH_2-Ph, Benzylpenicillin), **Penicillin V** (R = $CH(CH_3)$-OCH_3, Phenoxiethylpenicillin) und als wirksames Breitbandantibiotikum **Ampicillin** (R = $CH(NH_2)$-Ph, Aminobenzylpenicillin) genannt.

3 Fünfring-Heterocyclen mit einem Heteroatom

Unter den heterocyclischen Verbindungen nehmen die Fünfringe einen besonders breiten Raum ein, was nicht zuletzt auf ihr Vorkommen und ihre Bedeutung in der Natur zurückzuführen ist. Von besonderem Interesse sind dabei die drei Vertreter **Furan, Pyrrol** und **Thiophen**. Als heterocyclische Analoga des Cyclopentadienyl-Anions besitzen einige Vertreter ausgeprägten aromatischen Charakter [Erfüllung der Hückel-Regel: ebene, konjugierte monocyclische Carbocyclen mit (4n+2) π-Elektronen besitzen besondere Stabilität (aromatischen Charakter)], was sowohl in ihren physikalischen als auch chemischen Eigenschaften zum Ausdruck kommt. Entsprechend der Anzahl und der Verteilung der π-Elektronen auf nur fünf Ringatome zählen alle drei Verbindungen zu den elektronenreichen Heteroaromaten. Ihr unterschiedliches Reaktionsverhalten wird wesentlich durch die Elektronegativität der Heteroatome beeinflußt.

Interessant ist ein Vergleich der chemischen Verschiebungen der Protonen in den ^{1}H-NMR-Spektren, die ja als eines der Kriterien für den aromatischen Charakter von Verbindungen herangezogen werden (Benzol als Standard). Man erkennt, daß dieses Kriterium eben nur bedingt auf diese Heterocyclen übertragen werden kann.

Eine Größe, die die Reaktivität und auch die physikalischen Eigenschaften sicher beeinflußt ist die Elektronegativität der Heteroatome. Ein qualitativer Zusammenhang ist an der Tieffeldverschiebung der dem Heteroatom benachbarten Protonen zu erkennen.

Sauerstoff: 3.5 Stickstoff: 3.0 Schwefel: 2.5 Kohlenstoff: 2.5

Weitere Hinweise auf die Eigenschaften gibt auch ein Vergleich der aus den Verbrennungswärmen berechneten **Resonanzenergie**. Hier fallen Furan und Pyrrol deutlich im Vergleich zum Benzol heraus, was sich durchaus auch in den chemischen Eigenschaften widerspiegelt.

Furan: 16 (67); Pyrrol: 22 (92); Thiophen: 29 (121); Benzol: 36 (150) kcal (kJ)/Mol

Die Abnahme der Elektronegativität der Heteroatome in der Reihe vom Furan bis hin zum Thiophen ist gleichbedeutend mit der Zunahme des aromatischen Charakters dieser Verbindungen. Die durch das elektronegative O-Atom hervorgerufene unterschiedliche π-Elektronendichte an den Ringatomen des Furans ist verantwortlich dafür, daß sich in diesem Molekül die Eigenschaften eines Enolethers, eines Diens und eines "Hückel-π-Aromaten" vereinen. Tatsächlich beobachtet man beim Furan sowohl typisch olefinische als auch aromatische Reaktionen. Dagegen zeigen Pyrrol und besonders Thiophen überwiegend die für elektronenreiche aromatische Verbindungen charakteristischen S_E-Reaktionen, in denen sich das **regenerative** chemische Verhalten der Aromaten deutlich wird.

3.1 Furan

Furan ist eine leicht flüchtige, chloroformartig riechende Flüssigkeit (Sdp. 32 °C), die nicht mit Wasser mischbar ist. Furan ist Luft- und alkalibeständig, polymerisiert jedoch in Gegenwart von Säuren leicht zu unlöslichen, dunklen Harzen. Man gewinnt die Verbindung aus den Ölen, die bei der trockenen Destillation von verschiedenen Holzarten anfallen. Bei der Einwirkung verdünnter Mineralsäuren auf Pentosen (Abfallprodukte bei der Cellulose-Gewinnung) erhält man **Furfural**, das technisch bedeutendste Furanderivat. Die Reaktion ist als Kationen-induzierte Cyclisierung gefolgt von zweifacher Dehydratisierung zu verstehen. Durch Oxidation und nachfolgende Decarboxylierung ist auch der Grundkörper selbst zugänglich.

3.1.1 Herstellung

Aus Pentosen

Aus 1,4-Dicarbonylverbindungen (Paal-Knorr-Synthese)

Die Synthese von Fünfringheterocyclen aus 1,4-Dicarbonylverbindungen ist von allgemeiner Gültigkeit. Es ist zu beachten, daß eine Reihe von Keto-Enol-Tautomeren vorliegen können. Die Ringbildung (z. B. durch den Angriff eines nuclephilen Enols auf eine Carbonylgruppe) gefolgt von Säure-katalysierter Wassereliminierung ist leicht nachzuvollziehen. Besonders wichtig ist, daß bei Anwesenheit von Ammoniak oder Aminen analoge Reaktionen mit den entsprechenden Iminen als stickstoffanalogen Carbonylverbindungen ebenso leicht erfolgen kann. Die Iminbildung ist in der Regel rasch und reversibel und bedarf im folgenden keiner besonderen Erwähnung.

Aus Halogenketonen (*Feist-Benary*-Synthese)

Bei der **Feist-Benary-Synthese** geht man von β-Ketoestern und α-Halogenketonen aus. Es kann zunächst eine Addition an die durch das Halogen aktivierte Carbonylgruppe angenommen werden. Anschließend substituiert der Sauerstoff des Enols als Nucleophil das Halogen unter Ringschluß; die Wasserabspaltung zum stabilen Furan schließt dann die Synthese ab. Es sind aber auch andere Reaktionsabfolgen denkbar.

Ein ganz anderer retrosynthetischer Schnitt gelangt bei einer interessanten Synthese von Hydroxydihydrofuranen zur Anwendung. Eine C_2-Einheit (Acetylendicarbonsäure-di-*tert*-butylester) wird dabei unter Einwirkung einer starken Base mit einem α-Ketol verknüpft. Offenbar addiert zunächst das Alkoholat an den Michael-Acceptor gefolgt vom Angriff des intermediären Anions an die benachbarte Carbonylgruppe [21]. Solche intramolekularen Additionen (zweiter Schritt) erfolgen in der Regel mit hoher Effizienz.

Im Furan kann man, wie schon erwähnt, die Reaktivitäten durch Überlappung der Eigenschaften eines elektronenreichen Aromaten mit denen von Dienen und Enolethern verstehen, wie nachfolgendes Schema symbolisiert.

3.1.2 Reaktionen

Addition von Elektrophilen nach dem Additions-Eliminierungs-Mechanismus (A/E-Mechanismus)

Bromierung

Der erste Schritt der Bromierung erfolgt wie eine typische 1,4-Addition an Diene. Das Intermediat kann je nach Reaktionsbedingungen unterschiedlich abreagieren. Einfache HBr-Eliminierung führt zum 2-Bromfuran, dehydrierende Bedingung zum 2,5-Dibromfuran und die Anwesenheit des Nucleophils Methanol zum Synthesebaustein 2,5-Dihydro-2,5-dimethoxyfuran.

Nitrierung

Für die Nitrierung hat sich Nitroniumacetat (Acylnitrat) gelöst in Acetanhydrid bewährt (Vorsicht, das reine Nitroniumacetat ist explosiv). Auch dieses Reagenz addiert zunächst im Sinne einer 1,4-Addition gefolgt von Eliminierung von Essigsäure zum 2-Nitrofuran.

Elektrophile Substitutionsreaktionen

Der Angriff des Elektrophils erfolgt fast ausschließlich in 2- bzw. 5-Position. Furan besitzt ein freies, nicht in das aromatische Elektronensextett einbezogenes Elektronenpaar, welches für den basischen Charakter der Verbindung verantwortlich ist. Deshalb muß bei S_E-Reaktionen darauf geachtet werden, daß keine starken Säuren, wie H_2SO_4 oder $AlCl_3$ als Katalysatoren eingesetzt werden (Polymerisation).

Im Gegensatz zum Zweistufenmechanismus der Nitrierung mit Nitroniumacetat verläuft die analoge Reaktion mit **Nitroniumtetrafluoroborat** unter Friedel-Crafts-Bedingungen nach den klassischen Regeln der elektrophilen Substitution.

Die regioselektive Formylierung an *C*-2 konnte kürzlich zu einer eleganten Synthese eines **Octaethyltetraoxaporphyrins** ausgenutzt werden. Diels-Alder-Reaktion mit inversem Elektronenbedarf von 4-Phenyloxazol mit 3-Hexin bei 250 °C liefert unter gleichzeitiger Retro-Diels-Alder-Reaktion das 3,4-Diethylfuran. *Vilsmeyer*-Formylierung und Reduktion mit Natriumborhydrid führt dann zum 2-Furfurylalkohol, der mit p-Toluolsulfonsäure in Nitromethan direkt zum Octaethyltetraoxaporphyrin cyclokondensiert.[22]

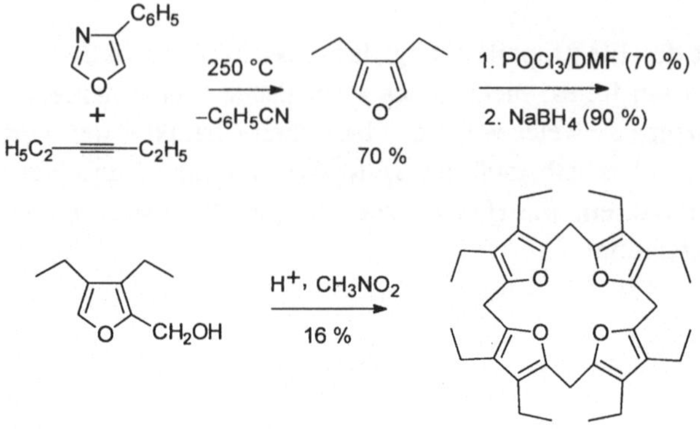

Diels-Alder-Reaktionen

Der ungesättigte olefinische Charakter des Furans zeigt sich eindrucksvoll im Reaktionsverhalten gegenüber Dienophilen, wie z.B. Maleinsäurederivaten: Die kinetisch kontrollierten Diels-Alder-Reaktionen führen zumeist zu den *endo*-Produkten (Endo-Regel). Bei höheren Temperaturen erfolgt gewöhnlich Isomerisierung zu den *exo*-Produkten.

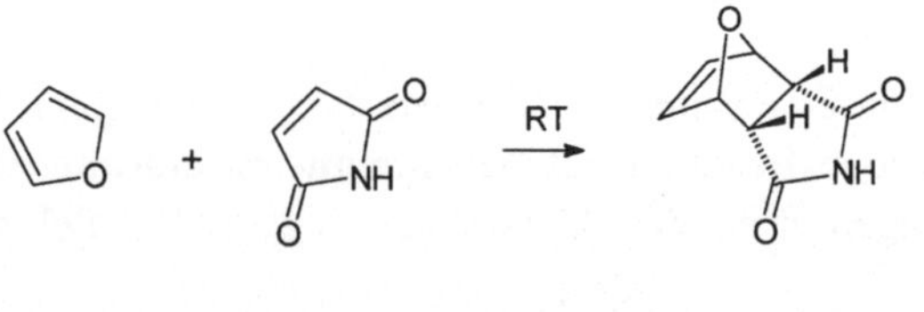

Die Kombination von olefinischen und aromatischen Eigenschaften des Furans ist mitverantwortlich dafür, daß hier unter relativ milden Bedingungen eine Retro-Diels-Alder-Reaktion abläuft. Dieses Reaktionsverhalten eröffnet so die Möglichkeit, die sonst schwer zugänglichen Positionen 3 und 4 im Furan zu funktionalisieren.

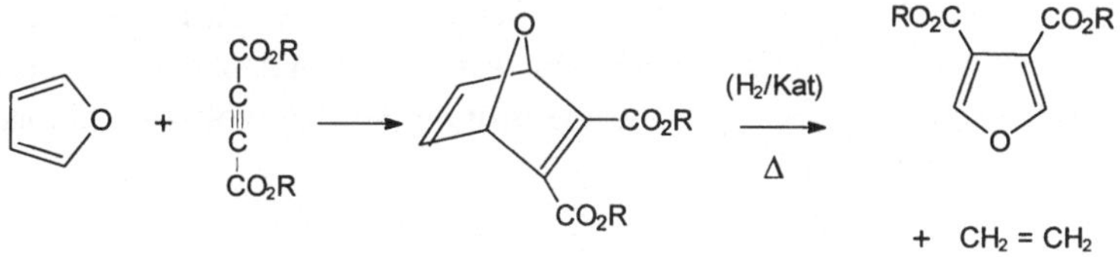

Bei der katalytischen Hydrierung von Furan entsteht **Tetrahydrofuran**, eine bei 65 °C siedende, giftige Flüssigkeit. Als cyclischer Ether kann es anstelle von Diethylether als Lösungsmittel bei Synthesen und Grignard-Reaktionen sowie bei Reduktionen mit komplexen Metallhydriden benutzt werden. Die technische Herstellung gelingt, wie in den nachfolgenden Reaktionen gezeigt wird, sowohl durch 1,4-Addition von Chlor an Butadien als auch durch Reaktion von Formaldehyd mit Acetylen (Hydroxymethylierung).

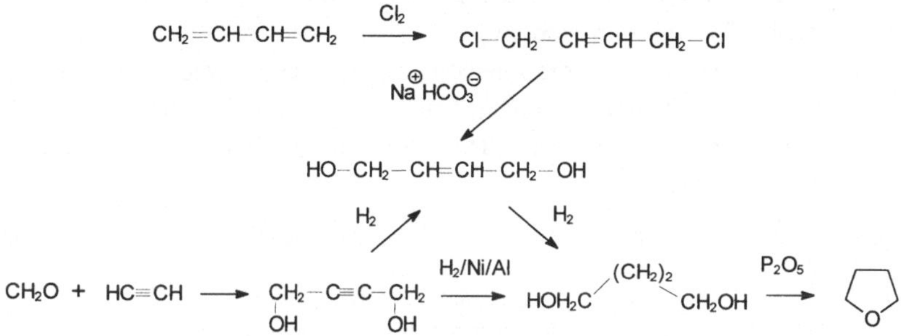

3.2 Thiophen

Aus Steinkohlenteer gewonnenes Benzol enthält gewöhnlich 1-2 % Thiophen. Die Ähnlichkeit des Thiophens mit Benzol geht so weit, daß sein Vorkommen im Teerbenzol lange unbeobachtet blieb. Durch Zufall gelang *V. Meyer* 1882 die Entdeckung dieser Schwefelverbindung. Er führte nämlich regelmäßig eine, wie er glaubte, charakteristische Farbreaktion des Benzols vor, indem er eine Probe Teerbenzol mit konz. Schwefelsäure und Isatin schüttelte

(**Indophenin-Reaktion**). In einem Fall konnte er die blaue Farbreaktion nicht erhalten. Es handelte sich nämlich um Benzol, welches durch Decarboxylierung von Benzoesäure erhalten worden war. Diese Indophenin-Reaktion benutzt man heute noch zur Reinheitsüberprüfung von Benzol, da Thiophen bei einigen Reaktionen stört.

Die Trennung von Thiophen und Benzol ist nur mit chemischen Methoden möglich, da die Siedepunktsunterschiede (Thiophen 84, Benzol 80 °C) zu gering sind. Man schüttelt deshalb Teerbenzol mit kalter konzentrierter Schwefelsäure, wobei Thiophen rascher als Benzol sulfoniert wird. Die entstehenden Thiophensulfonsäuren lösen sich in der Schwefelsäureschicht und lassen sich so abtrennen. Eine andere Trennmethode beruht darauf, daß Thiophen beim Erhitzen mit Quecksilberacetat leichter mercurierbar ist als Benzol. Aus dem Mercurierungs-Produkt läßt sich Thiophen durch Erhitzen mit Salzsäure regenerieren.

3.2.1 Herstellung

1. Aus 1,4-Dicarbonylverbindungen (Paal-Knorr-Synthese)

Analog wie bei der Paal-Knorr-Synthese des Furans kann man bei der Synthese von 2,5-substituierten Thiophenderivaten von 1,4-Dicarbonylverbindungen ausgehen. Als Schwefeldonor kann z. B. Phosphorpentasulfid dienen.

2. Aus Butadiinen mit Schwefelwasserstoff in alkalischem Medium

3. Aus Butan und Schwefel bei hohen Temperaturen

Bei der technischen Gewinnung des Thiophens durch Dehydrierung von Butan mit Schwefel tritt Butadien als Zwischenstufe auf. Schwefel und Selen gehören zu den Elementen, die imstande sind, Kohlenwasserstoffe bei höherer Temperatur zu dehydrieren, wobei sie sich mit dem frei werdenden Wasserstoff zu Schwefel- bzw. Selenwasserstoff umsetzen. Im vorstehenden Beispiel wird der Schwefel außerdem in das organische Molekül eingebaut.

4. Aus Furanen

Unter hohen Druck kann der Sauerstoff des Furans auch mit Schwefeldonatoren wie P_2S_5 gegen Schwefel ausgetauscht werden.

Zu den wichtigsten Naturstoffderivaten des Thiophens zählt das **Biotin** (Vitamin H). Es gehört zur Gruppe der Biowuchsstoffe. Im Organismus des Menschen hat sich Vitamin H als ein für die normale Funktion der Haut notwendiger Wirkstoff erwiesen. Die Totalsynthese des Vitamins H wurde erstmals 1941 wie unten gezeigt von *du Vigneaud* [23] beschrieben, nachdem er die Konstitution durch gezielten Abbau der Verbindung bewiesen hatte.

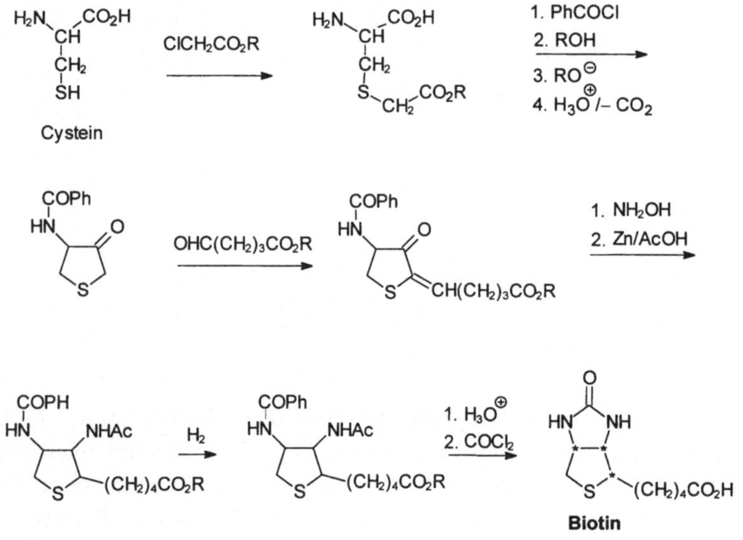

Die 3 asymmetrischen *C*-Atome des Biotins sind mit * gekennzeichnet.

3.2.2 Reaktionen

Die große Ähnlichkeit mit Benzol zeigt sich besonders in den Eigenschaften des Thiophens. Man beobachtet keine Olefin-typischen Reaktionen mehr. Als **π-Elektronenüberschuß-Aromat** ist Thiophen gegenüber Elektrophilen noch reaktionsfähiger als Benzol. So verlaufen z.B. die **Aminomethylierung** nach *Mannich* und die Formylierung nach *Vilsmeier* in guten Ausbeuten zu den erwarteten Produkten. Das nachfolgende Schema gibt einen Überblick über die wichtigsten Reaktionen.

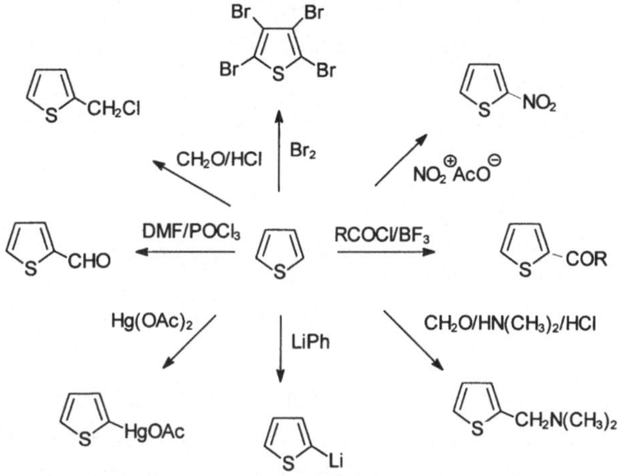

Tetrabromthiophen kann über Grignard-Verbindungen successive zu mono- bzw. disubstituierten Halogenverbindungen abgebaut werden.

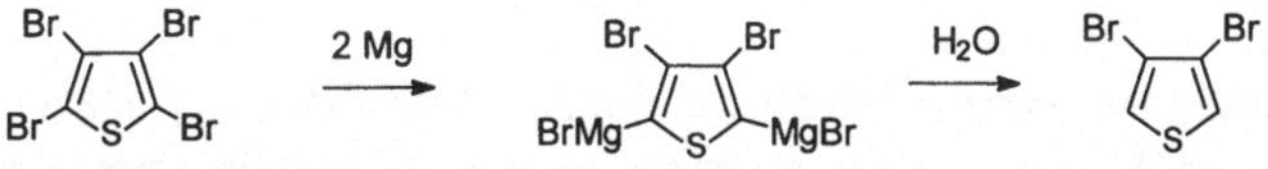

Monobromthiophen kann außerdem leicht aus den mercurierten Verbindungen dargestellt werden.

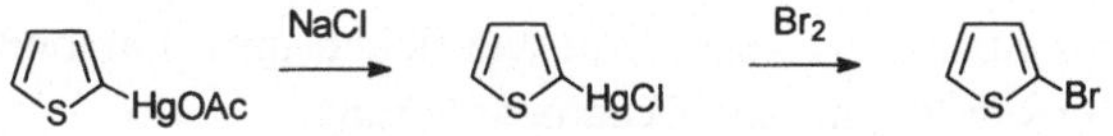

3.3 Pyrrol

Pyrrol wurde zuerst im Steinkohlenteer nachgewiesen. Die Derivate des Pyrrols sind in der Natur weit verbreitet. Sie treten als Bausteine in den Blut-, Blatt- und Gallenfarbstoffen, in Alkaloiden, im Eiweiß, im Vitamin B_{12} und in Nucleinsäuren auf. Seine Dämpfe färben einen mit Salzsäure befeuchteten Fichtenspan rot. Dieser Nachweisreaktion (*Ehrlich*-Reaktion) verdankt Pyrrol seinen Namen (pyrros = feuerrot).

Ehrlich-Reaktion:

$$\text{Pyrrol} + OHC\!-\!C_6H_4\!-\!N(CH_3)_2 \xrightarrow[-H_2O]{HCl} \left[\ \text{Pyrrol}\!-\!CH\!=\!C_6H_4\!=\!\overset{\oplus}{N}(CH_3)_2\ \ Cl^{\ominus}\ \right]$$

Pyrrol ist nicht basisch, da das freie Elektronenpaar am Stickstoff vollständig in das aromatische π-Elektronensextett einbezogen ist. Ebenso wie Furan und Thiophen wird Pyrrol zu den π-Elektronenüberschuß-Aromaten gezählt, weil sich insgesamt sechs π-Elektronen auf nur fünf Ringatome verteilen. Ein Vergleich der pK_b-Werte mit anderen Stickstoffverbindungen zeigt, daß man dem Pyrrol eher saure Eigenschaften zuschreiben muß.

Methylamin 3.4;   Pyridin 8.8;   Pyrrol 13.6.

3.3.1 Herstellung

Die Synthese des Pyrrols gleicht in einigen Verfahren der Herstellung von Thiophen und Furan. Insgesamt kennt man über dreißig verschiedene Pyrrolsynthesen.

1. Erhitzen des Ammoniumsalzes der Schleimsäure

Beim Erhitzen des Schleimsäure (eine von Glucose abgeleiteter Dicarbonsäure) können über die β-Eliminierung zwei Moleküle Wasser abgespalten werden. Der Einbau des Stickstoffs kann dann wie üblich über Iminbildung erfolgen. Abschließend erfolgt thermische Decarboxylierung.

2. Paal-Knorr-Synthese (1,4-Diketone und primäre Amine)

Wie schon bei den analogen Paal-Knorr-Synthesen für Furane und Thiophene gezeigt, kann man auch direkt von 1,4-Diketonen ausgehen. Diese Verfahren eignet sich besonders zur Herstellung von 1,5-disubstituierten Pyrrolen. Mit primären Aminen erhält man *N*-substituierte Pyrrole.

3. Knorrsche Synthese

Bei der Pyrrol-Synthese nach *Knorr* wird ein Amino-Ketoester mit einem β-Ketoester kondensiert. Die aminierten β-Ketoester erhält man durch Umsetzung der β-Ketoester mit salpetriger Säure. Die Nitroso-Verbindungen stehen mit den Oximen im tautomeren Gleichgewicht und können z.B. mit Zink zu den Aminen reduziert werden. Die Kondensation könnte über die Iminbildung oder eine *Knoevenagel*-Reaktion einsetzen. Auf jeden Fall ist anzunehmen, daß der anschließende Ringschluß rasch verläuft.

Die beiden Carboxylgruppen können anschließend nacheinander verseift und decarboxyliert werden.

4. Hantzsche Synthese

Der erste Reaktionsschritt der *Hantzschen* Synthese entspricht der Alkylierung eines Enamins. Es folg die rasche Iminbildung und Wasserabspaltung zum stabilen substituierten Pyrrol.

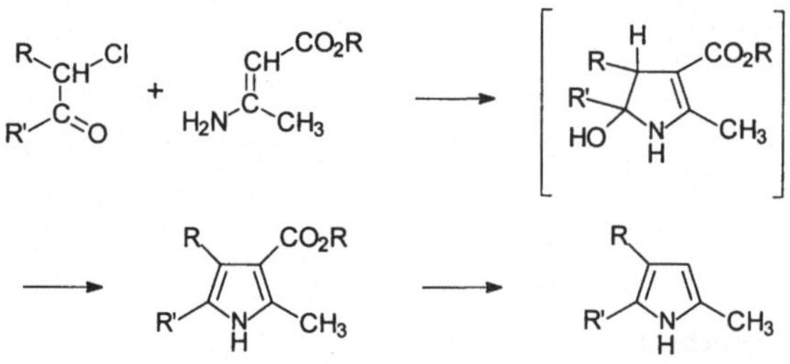

3.3.2 Reaktionen

Im Gegensatz zum Furan besitzt Pyrrol nur noch sehr schwachen Diencharakter und geht daher nur noch unter extremen Bedingungen Diels-Alder-Reaktionen ein. Darüberhinaus beobachtet man beim Pyrrol ausschließlich elektrophile Substitutionsreaktionen. Gegenüber Elektrophilen verhält sich Pyrrol wesentlich reaktiver als Furan und Thiophen.

1. Diels-Alder-Reaktion

Die Beispiele zeigen die Diels-Alder-Reaktion mit Dehydrobenzol zum überbrückten System und die Umsetzung mit Acetylendicarbonester, der sowohl zu einem cyclischen als auch offenkettigen System abreagieren kann.

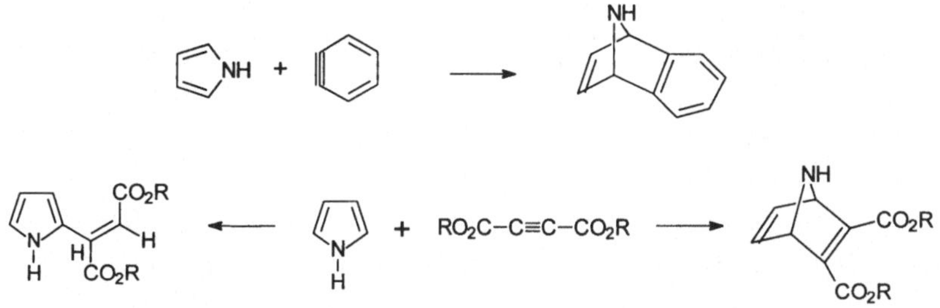

2. Elektrophile Substitutionsreaktionen

Zu den typischen elektrophilen Substitutionsreaktionen des Pyrrols zählen die Vilsmeier-Acylierung, die Aminomethylierung, die Bromierung und die Nitrierung mit Nitroniumacetat.

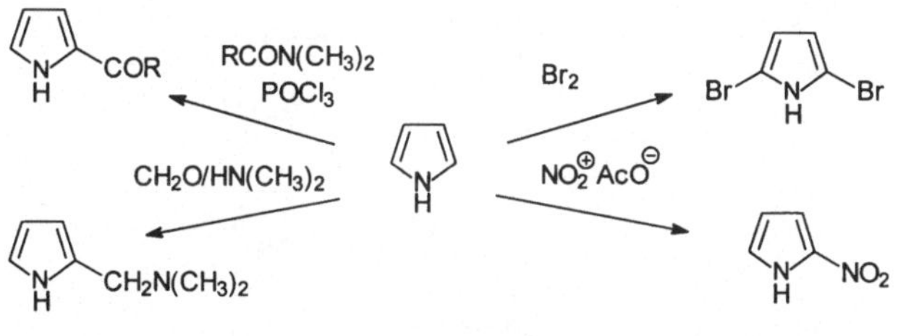

Pyrrol-2-aldehyd läßt sich am besten nach *Vilsmeier* darstellen. Dennoch sind noch zwei weitere Aldehydsynthesen erwähnenswert. Die *Reimer-Tiemann*-Reaktion liefert außer dem gewünschten Aldehyd noch 3-Chlorpyridin in erheblicher Ausbeute.

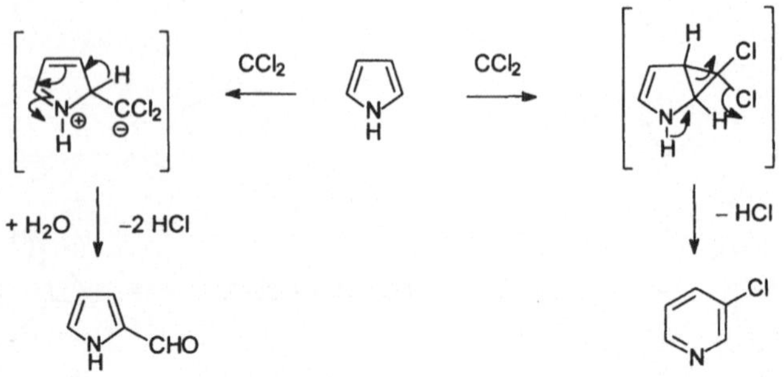

Pyrrol-2,5-dialdehyd gewinnt man am besten durch Umsetzung von Pyrrol mit Benzimidazol in Essigsäureanhydrid. Bei der Acylierung des Benzimidazols entsteht ein Acyliminiumion, in dem die positive Ladung mesomer auf die Stickstoffatome und das Kohlenstoffatom verteilt ist. Dieses Kation kann das elektronenreiche Pyrrol zweifach elektrophil angreifen. Es bildet sich ein Bisaminal, dessen Hydrolyse zum Pyrrol-2,5-dialdehyd, o-Phenylendiamin und Essigsäure führt.

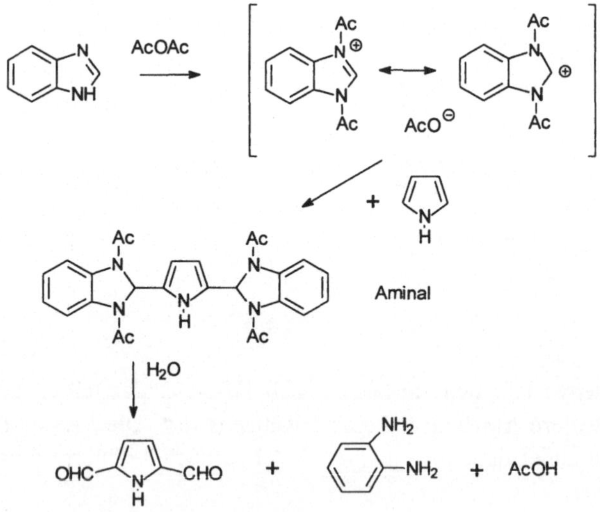

Der nur schwach ausgeprägte Enamincharakter zeigt sich im Reaktionsverhalten acylierter Pyrrole gegenüber komplexen Hydriden. Ebenso wie vinyloge Carbonsäureamide werden diese Pyrrolderivate durch Lithiumaluminiumhydrid zu Alkylpyrrolen reduziert.

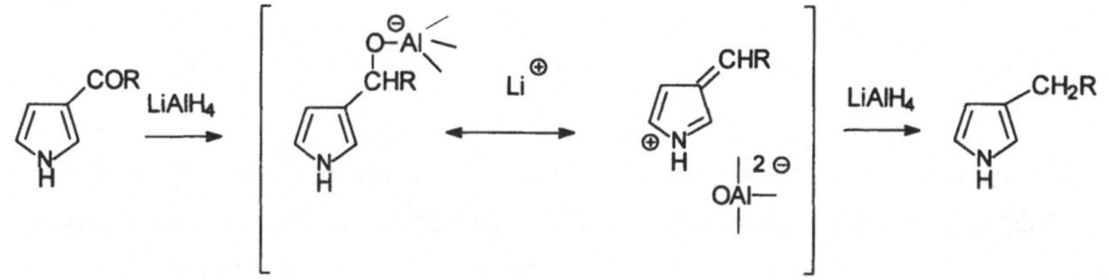

Wie bereits erwähnt, zeigt Pyrrol schwach saure Eigenschaften und kann daher leicht am Stickstoffatom deprotoniert werden. Die Alkaliverbindungen besitzen stark ionischen Charakter und reagieren bevorzugt zu *N*-substituierten Pyrrolen ab. Die entsprechenden Magnesium-Verbindungen (*Grignard*-Reaktion) zeichnen sich eher durch kovalenteren Bindungscharakter aus, so daß ihre Umsetzungen mit Elektrophilen in der Regel zu *C*-Substitutionsprodukten führen, wie die Reaktion mit Ameisensäureester zu **2-Formylpyrrol** zeigt.

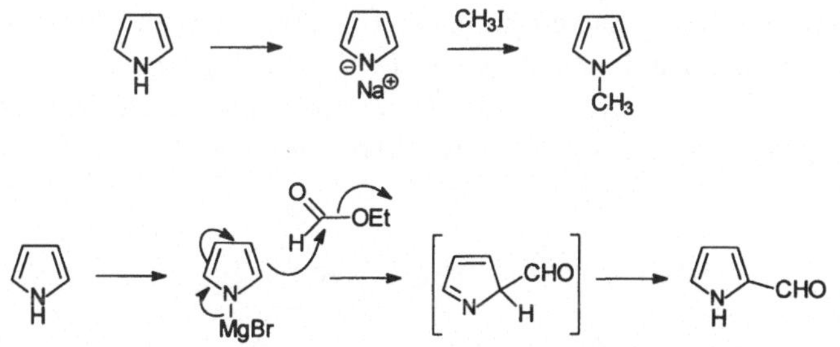

N-alkylierte Pyrrole können ebenso wie Furane und Thiophene durch Umsetzung mit lithiumorganischen Verbindungen metalliert werden. Dabei wird stets die *C*-2 Position deprotoniert, die durch den induktiven Effekt des elektronegativen Heteroatoms besonders aktiviert ist. Die so dargestellten *C*-2 lithiierten

Pyrrole sind extrem nucleophil und reagieren mit den unterschiedlichsten Elektrophilen wie z.B. Säurechloriden.

Die Reduktion des Pyrrols verläuft wegen seines aromatischen Charakters relativ träge. Die katalytische Hydrierung führt über Δ^3-Pyrrolin zu Pyrrolidin. Im Gegensatz zu unsubstituierten und alkylierten Pyrrolen zeichnen sich Acylderivate durch extrem schwere Hydrierbarkeit aus. Der Heterocyclus wird erst unter Bedingungen angegriffen, bei denen die funktionellen Gruppen zu Alkyl-Resten umgesetzt werden [24].

Beide Hydrierungsprodukte sind aminartig riechende Flüssigkeiten, die die typisch basischen Eigenschaften sekundärer Amine besitzen. **Pyrrolidin** wird daher auch häufig zur Herstellung von Enaminen eingesetzt. Vom Pyrrolidin leiten sich außerdem zwei wichtige cyclische α-Aminosäuren ab, nämlich Prolin und Hydroxyprolin (im Bindegewebe), die als Bausteine im Eiweiß fungieren.

L-Prolin

L-Hydroxyprolin

Pyrrolidine lassen sich leicht durch Umsetzung mit Bromcyan in offenkettige Amine (von Braun'scher Abbau) überführen. Dabei addiert sich das basische

N-Atom des Pyrrolidins unter Quaternisierung des Stickstoffatoms und Salzbildung an das Bromcyan. Die nachfolgende nucleophile Ringöffnung führt dann zu den offenkettigen Halogencyan-Aminen.

3.3.3 Naturstoffderivate des Pyrrols

Zu den wichtigsten Naturstoffderivaten des Pyrrols gehören die Farbkomponenten des Blutes, des Blattgrüns und das Vitamin B_{12}. Diesen Farbstoffen liegt ein 16gliedriges, mesomeriestabilisiertes Ringsystem, das **Porphin** als Chromophor zugrunde, in dem 4 Pyrrolringe durch 4 Methinbrücken (-CH=) verbunden sind:

Das Porphin mit seinem planarem 18 π-Elektronenperimeter (Hückel-Regel) ist aromatisch (Resonanzenergie ca. 400 kcal / Mol) und zählt zur Klasse der Hetero-Annulene. Die nicht aromatischen Doppelbindungen werden sehr leicht angegriffen und können z.B. unter milden Bedingungen hydriert werden. Die Synthese des Porphins gelang aus 4 Molekeln Pyrrol-2-aldehyd durch Erhitzen mit Ameisensäure (*H. Fischer*). **Hämoglobin**, der Farbstoff der roten Blutkörperchen, besteht zu etwa 4 % aus einer Farbkomponente, dem **Häm**, und zu etwa 96 % aus einer Eiweißkomponente, dem **Globin**. Im Hämoglobin ist das Eisen zweiwertig. Der Eiweißkörper ist komplexartig über ein *N*-Atom des **Histidins** an das zentrale Fe(II) gebunden (5. Ligand). Der 6. Ligand ist entweder Wasser oder Sauerstoff. Der Transport des Sauerstoffs im Blut verläuft über eine Gleichgewichtsreaktion mit dem zentralen Eisenatom als Träger. Einen stärkeren Komplex als Sauerstoff mit dem Metallatom bilden Kohlenmonoxid und Cyanide, die dementsprechend als Atemgifte den Sauerstofftransport im Organismus blockieren können.

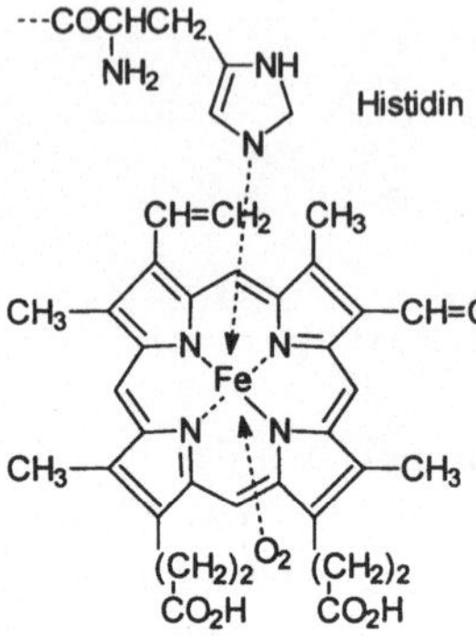

Durch die Behandlung von Hämoglobin mit in Eisessig gesättigter Natriumchloridlösung lassen sich die Farbstoff- und Eiweißkomponente voneinander trennen. Dabei wird unter Oxidation des Häms das **Hämin** als Chlorid isoliert. Das zentrale dreiwertige Eisenatom kann nun keinen Sauerstoff mehr binden. Für die Synthese des Hämins erhielt *H. Fischer* 1930 den Nobelpreis.

Zwei Dipyrrylmethenmoleküle reagieren unter stark sauren Bedingungen und Oxidation intermolekular zum 18 π-Elektronen-Heteroannulen, dem Deuteroporphyrin. Nach Einführung der Vinylsubstituenten erfolgt die Komplexbildung durch Zugabe von Eisen(III)-chlorid.

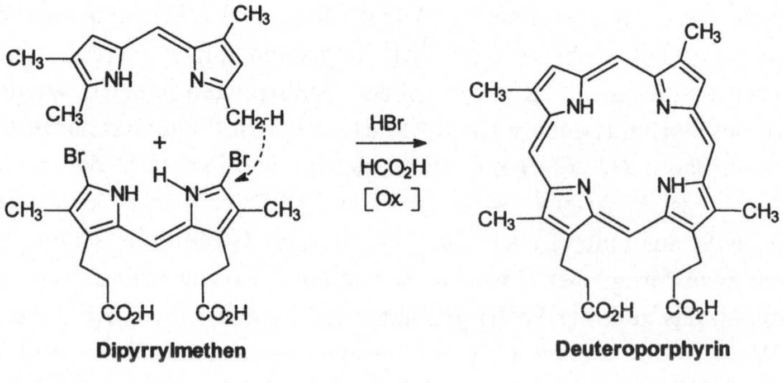

Dipyrrylmethen

Deuteroporphyrin

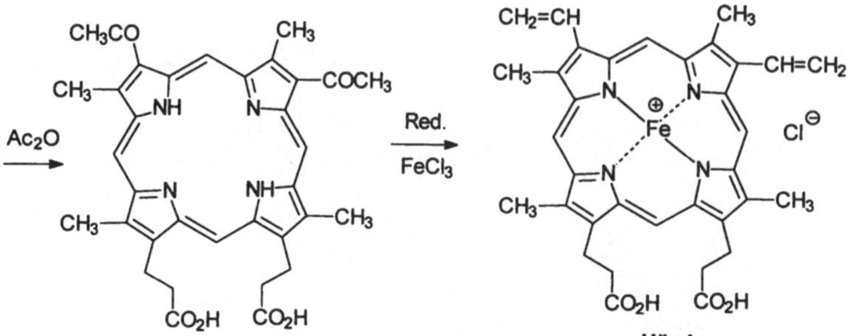

Hämin

Die **Gallenfarbstoffe** wie z.B. **Bilirubin** sind eisenfreie Farbstoffe, deren Bildung im Organismus durch oxidativen Abbau des Hämins erklärt wird. Die Ringöffnung findet an der Methinbrücke, die den Propionsäureresten abgewandt ist, statt. Seine Konstitution wurde ebenfalls von *H. Fischer* durch Synthese bewiesen.

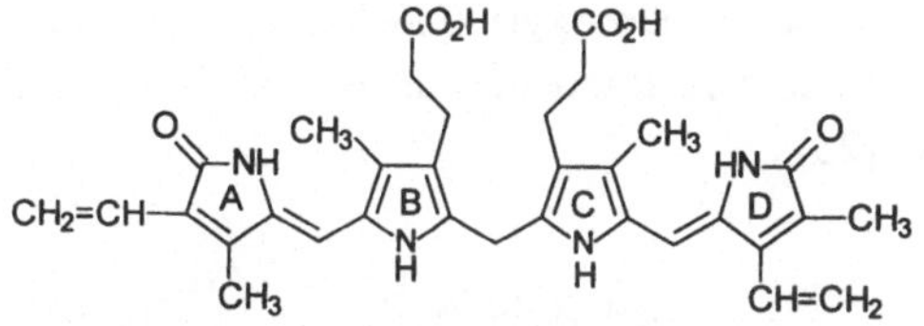

Bilirubin

Während im Blutfarbstoff das Eisen als Zentralatom im Komplex fungiert, weist das **Chlorophyll** ein Magnesiumatom auf. Es findet sich gemeinsam mit Carotinoiden und Xanthophyllen (Terpene) in den Zellen der Pflanzen. Es ist entscheidend an der Photosynthese und der Kohlendioxid-Assimilation beteiligt. Im Vergleich zur Stammverbindung der Hämine, dem Porphin, bezeichnet man diejenige der Chlorophylle und ihrer Abkömmlinge als **Chlorin** (Dihydroporphin). Dieser Chromophor unterscheidet sich vom Porphin durch den partiell hydrierten D-Ring.

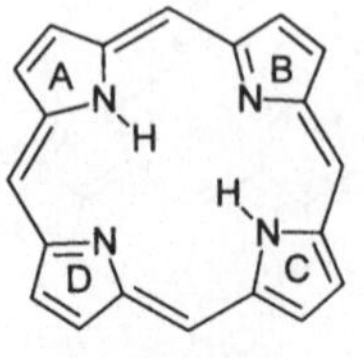

Porphin

Chlorophyll

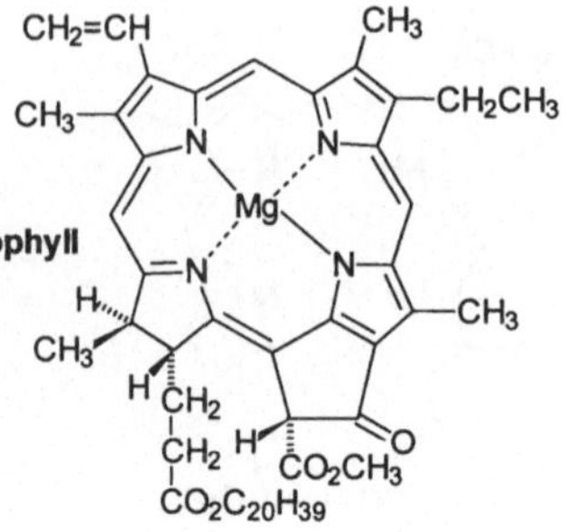

$C_{20}H_{39}$ =

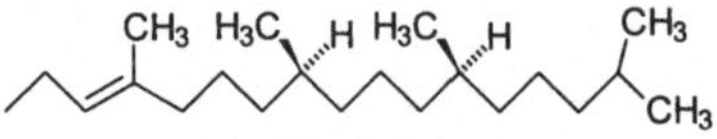

Phythylrest

Das dem Vitamin B_{12} zugrunde liegende 15-gliedrige Ringsystem nennt man Corrin. Alle sich davon ableitenden, natürlichen Corrinoide enthalten Cobalt in der Oxidationsstufe +3 als Zentralatom. Außerdem enthält Vitamin B_{12} ein Cyanid-Ion und als Base das nucleotidartig gebundene 5,6-Dimethyl-benzimidazol. Daher bezeichnet man das Vitamin B_{12} auch als Cyanocobalamin. Es wird als Heilmittel gegen perniciöse Anämie eingesetzt und spielt eine wichtige Rolle in der Biosynthese der Desoxyribonucleinsäure und katalysiert außerdem verschiedene Umlagerungsreaktionen. Zur Biosynthese der Pigmente des Lebens s. (*Battersby*) [25].

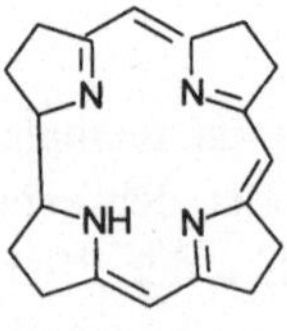

Corrin

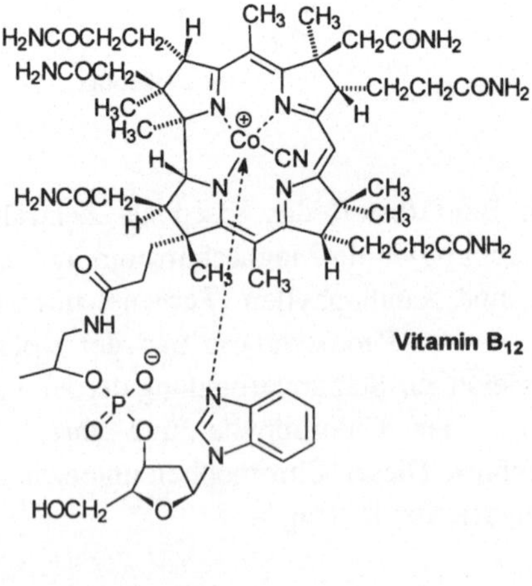

Vitamin B_{12}

Alkaloide aus der Pyrrol-bzw Pyrrolidinreihe

Basische, in der Pflanzenwelt weit verbreitete Naturstoffe, die sich vom Pyrrolidin ableiten, zählt man zur Klasse der **Tropaalkaloide**. Das zugrunde liegende Ringsystem, das **Tropan**, erhält man durch Mannich-Reaktion aus Succindialdehyd-monomethylamin und 3-Oxoglutarsäurediester.

Tropinon

Tropan

Interessante Alkaloide, die sich vom Tropan ableiten, sind **Atropin, Scopolamin** und **Cocain**.

Atropin

Scopolamin

Cocain

Atropin kommt in der Natur in der Tollkirsche (*Atropa belladonna*) vor und findet Verwendung in der Augenheilkunde. Scopolamin wird ähnlich wie Atropin aus Nachtschattengewächsen gewonnen und wird in der Medizin als einleitendes Narkotikum eingesetzt. Cocain ist das Hauptalkaloid der Blätter des Cocastrauches, der besonders in Südamerika heimisch ist. Cocain besitzt als Lokalanästheticum große Bedeutung. Wegen seiner suchterregenden Wirkung wird es zunehmend als Rauschgift mißbraucht.

4 Benzokondensierte Fünfring-Heterocyclen

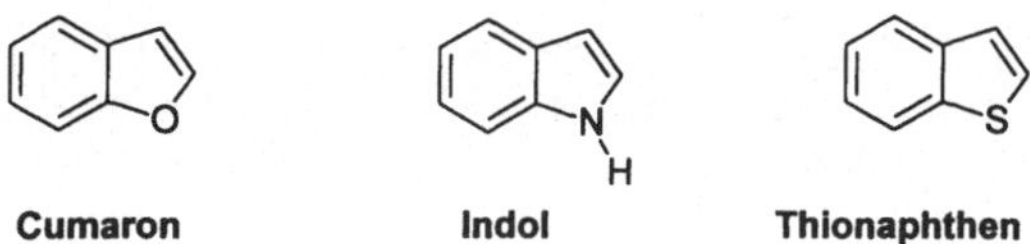

4.1 Cumaron

Cumaron (Benzofuran), ein farbloses Öl, kommt wie die meisten Heteroaromaten im Steinkohlenteer vor. Unter der Einwirkung von Säuren neigt es zur Polymerisation unter Bildung technisch verwendbarer Cumaronharze. Synthetisch gewinnt man Cumaron aus **Cumarin** durch Ringverengung. Durch Bromierung und anschließender Dehydrobromierung in Gegenwart kalter Kalilauge wird Cumarin in 3-Bromcumarin übergeführt. Nach alkalischer Lactonringöffnung in der Wärme führt eine intramolekulare Michael-Reaktion und nachfolgende Eliminierung von Bromwasserstoff zur aromatischen Cumarilsäure, die durch Destillation über Calciumoxid unter Decarboxylierung in Cumaron übergeht.

Dieser Reaktion verdankt Cumaron seinen Namen. In seinem Reaktionsverhalten ist Cumaron dem Furan vergleichbar. Die Diels-Alder-Reaktion mit Benzol im Autoklaven unter Druck führt zum Phenanthren.

Man vermutet, daß die Bildung höherkondensierter Kohlenwasserstoffe, die im Steinkohlenteer vorkommen, auf diesem Weg abläuft.

4.2 Indol

Indol findet sich in geringer Menge im Steinkohlenteer sowie im Jasmin- und Orangenblütenöl. Als biochemisches Abbauprodukt des in den meisten Proteinen enthaltenen **Tryptophans** kommt es - neben Skatol (3-Methylindol) - in den Fäkalien vor. Es kristallisiert in farblosen Blättchen (Schmp. 53° C).

4.2.1 Herstellung

Von den vielen Indolsynthesen sollen hier nur wenige erwähnt werden. Zur Herstellung des unsubstituierten Indols eignet sich besonders die *Madelung*-Synthese.

1. Madelung-Synthese

N-Formyl-2-toluidin wird in Gegenwart von Kalium-*tert*-butylat unter Erhitzen zum Indol kondensiert. Der Elektronenzug der Formylgruppe erleichtert dabei die Deprotonierung der Methylgruppe am Aromaten. Das Carbanion addiert dann intramolekular an die Formylgruppe gefolgt von Wasserabspaltung.

N-Formyl-o-toluidin

2. Reissert-Synthese

Obwohl die Synthese zu guten Ergebnissen führt, wird sie nur recht selten zur Herstellung von Indol herangezogen. Ähnlich wie bei der Reissert-Synthese ist der erste Schritt die Deprotonierung der acidifizierten Methylgruppe des 2-Nitrotoluols gefolgt von Addition an den sehr elektrophilen Oxalester zu einem 2-Ketocarbonsäureester. Nach selektiver Reduktion der Nitrogruppe mit Zink erfolgt rasche intramolekulare Iminbildung. Die thermische Decarboxylierung zum Grundkörper ist eine auch bei vielen andere Heterocyclen durchgeführte Reaktion.

3. Fischersche Indolsynthese

Die *Fischer*sche Indolsynthese ist wohl das bekannteste Verfahren zur Herstellung 2-substituierter Indole. Vom präparativen Standpunkt ist von großem Vorteil, daß man von leicht zugänglichen Phenylhydrazinen ausgehen kann. Die Knüpfung der *ortho*-ständigen *C-C*-Bindung erfolgt auf einfache und elegante Weise durch eine Hetero-Cope-Umlagerung. Nach Rearomatisierung des Primärintermediats (H-Wanderung!) erfolgt ein Angriff des nucleophilen Stickstoffs auf die Iminogruppe der Seitenkette gefolgt von Eliminierung von

60

Ammoniak. Dieser Mechanismus ließ sich durch Markierung mit ^{15}N erhärten.

Zwei weitere Synthesevarianten beschreiben einen neuen Weg zu Indolen über eine Hetero-Cope-Umlagerung. Im Endeffekt wird ein Stickstoffatom des Hydrazons durch ein Sauerstoffatom ausgetauscht. Das umlagerungsfähige Intermediat wird in der ersten Variante durch Umesterung einer Hydroxamsäure mit Vinylacetat hergestellt.

In der 2. Variante wird die Hetero-Cope-Umlagerung noch durch den Aufbau einer negativen Ladung im Übergangszustand erheblich beschleunigt. Das Zwischenprodukt wird durch Addition der Hydroxamsäure an ein Allylsulfon bereitet.

4.2.2 Reaktionen

Elektrophile Substitutionsreaktionen finden ausschließlich am elektronenreichen Fünfring des benzokondensierten Heteroaromaten statt und sind denen des Pyrrols vergleichbar. Angegriffen wird dabei im Gegensatz zum Pyrrol stets die C3-Position.

Aus der Vielzahl der möglichen elektrophilen Substitutionsreaktionen wird hier nur auf die Mannich-Reaktion hingewiesen, die als Reaktionsprodukt das aus Gräsern isolierte Alkaloid **Gramin** liefert. Gramin dient als Ausgangsstoff für viele Naturstoffsynthesen, wie z.B. für die Herstellung von **Tryptophan**, das als Aminosäure in geringer Menge in fast allen Proteinen vorkommt. Das Schema zeigt verschiedene Transformation des Tryptophans zu **Skatol**, Tryptamin und **Indolyessigsäure**.

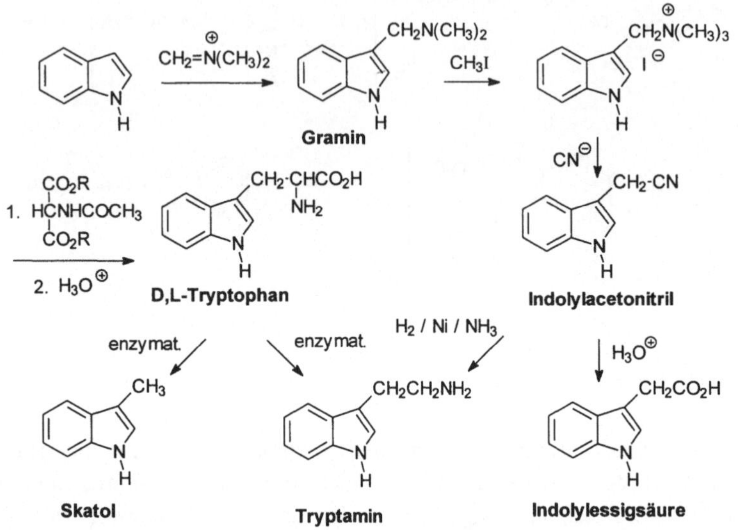

Gramin

CH$_2$=N(CH$_3$)$_2$ · CH$_3$I

CH$_2$N(CH$_3$)$_2$

CH$_2$N(CH$_3$)$_3$ I$^{\ominus}$

CN$^{\ominus}$

CH$_2$-CN

Indolylacetonitril

1. HCNHCOCH$_3$ (CO$_2$R / CO$_2$R)

2. H$_3$O$^{\oplus}$

CH$_2$-CHCO$_2$H / NH$_2$

D,L-Tryptophan

H$_2$ / Ni / NH$_3$

H$_3$O$^{\oplus}$

enzymat.

CH$_3$

Skatol

enzymat.

CH$_2$CH$_2$NH$_2$

Tryptamin

CH$_2$CO$_2$H

Indolylessigsäure

Skatol ist als enzymatisches Abbauprodukt des Tryptophans verantwortlich für den Geruch von Fäkalien. Indolylessigsäure tritt in der Natur als pflanzlicher Wuchsstoff auf. Das in der Pflanzenwelt ebenso verbreitete Tryptamin ist Vorstufe und Baustein vieler Indolalkaloide. Deshalb sollen hier noch zwei ungewöhnliche Synthesen dieses Naturstoffes vorgestellt werden. Schlüsselschritt der Synthese nach *Vilsmeier* ist die Michael-Addition des Indols an ein (Dimethylamino)-vinylnitromethan. Die Reduktion der Nitrogruppe erfolgt selektive ohne Reduktion der Indoldoppelbindung durch Lithiumalanat.

1. Variante analog Vilsmeier

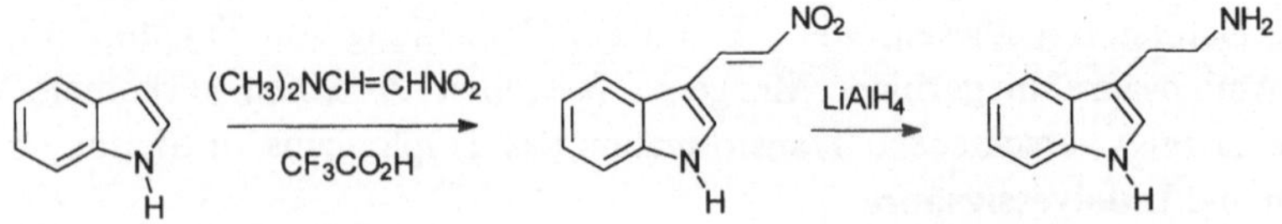

(CH$_3$)$_2$NCH=CHNO$_2$

CF$_3$CO$_2$H

NO$_2$

LiAlH$_4$

NH$_2$

Ein 6-Methoxytryptamin wurde von *Woodward* in seiner Reserpin-Synthese in größeren Mengen benötigt. Nach Acylierung der Position C-3 mit Oxalychlorid wird durch Umsetzung mit Ammoniak das entsprechende Amid bereitet. Der letzte Schritt der Partialsynthese zum 6-Methoxytryptamin erklärt sich mechanistisch durch zwei aufeinander folgende Carbonsäureamid-Reduktionen, wobei eine Funktionsgruppe vinylog in das aromatische 10 π-Elektronensystem eingebettet ist.

2. Vorstufe zur Synthese des Reserpin nach Woodward

Der Enamin-Charakter des Indols zeigt sich auch noch in der **Indol-Indolenin-Tautomerie**.

Zu den wichtigen Naturstoffderivaten des Indols zählen ohne Zweifel die Indigofarbstoffe. Schon im Altertum wurde der blaue, lichtechte Farbstoff geschätzt und damals aus dem Glucosid **Indican** gewonnen (Indoxyl-Glucosid). Synthetisch hergestellter **Indigo** hat heute den Naturstoff völlig verdrängt. Der Farbstoff wird auch heute noch trotz gewisser färbungstechnischer Mängel noch in großen Mengen eingesetzt (blue jeans).

Carbazol kommt ebenso wie Indol in geringer Menge im Steinkohlenteer vor. Die Einbeziehung des freien Elektronenpaares am *N*-Atom in das 14π--Elektronen-Resonanzsystem bedingt die relativ hohe Acidität dieses Heteroaromaten. Präparativ wird diese Eigenschaft zur Herstellung von Aldehyden genutzt. Die Reduktion *N*-acylierter Carbazole mit Lithiumaluminiumhydrid führt zur selektiven Herstellung unterschiedlich substituierter Aldehyde (vgl. Aziridid- und Imidazolid-Methode).

4.2.3 Indolalkaloide

Grundkörper vieler Alkaloide vom Indol-Typ ist das **Carbolin**, das ebenso wie **Harman** in vielen Pflanzen vorkommt. Die Konstitution der nachfolgend aufgeführten Naturstoffe wurde sowohl durch Abbau als auch durch Totalsynthese bewiesen.

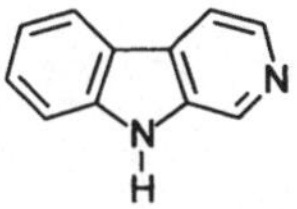

Carbolin

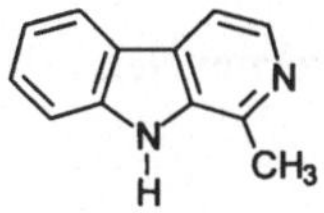

Harman

Als Abkömmlinge der Carbolinbasen sind **Yohimbin** und **Reserpin** anzusehen. Yohimbin wirkt gefäßerweiternd und wird in der Veterinärmedizin als Aphrodisiacum eingesetzt. Reserpin findet vor allem in der Psychiatrie als Beruhigungsmittel Anwendung.

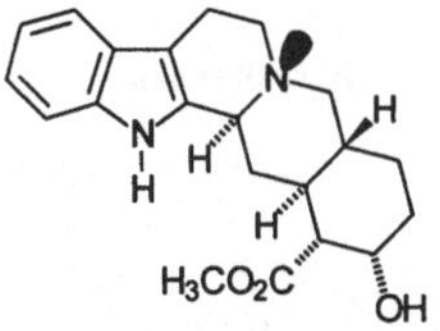

Yohimbin

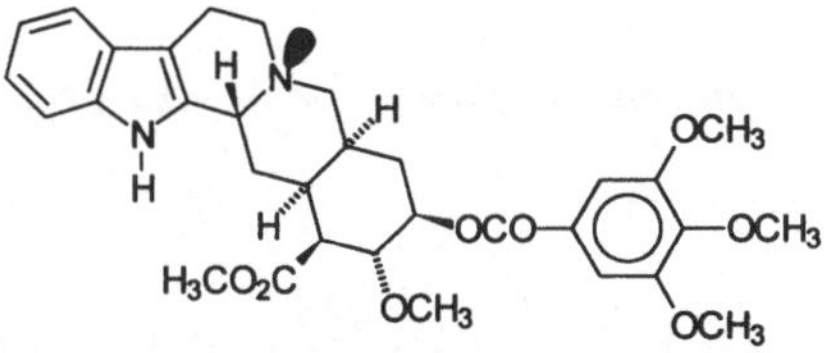

Reserpin

Strychnin zählt zu den giftigsten Pflanzenbasen die man kennt. Schon geringste Dosen bewirken eine krampfartige Starre der Muskulatur. **Lysergsäure** ist die Stammverbindung wichtiger Vertreter der Mutterkornalkaloide. Das synthetisch darstellbare Lysergsäure-diethylamid (LSD) besitzt psychotrope Wirkung und ruft Farbvisionen und Halluzinationen hervor.

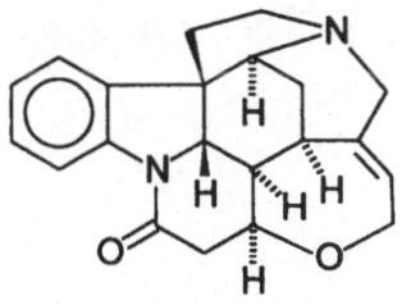

Strychnin

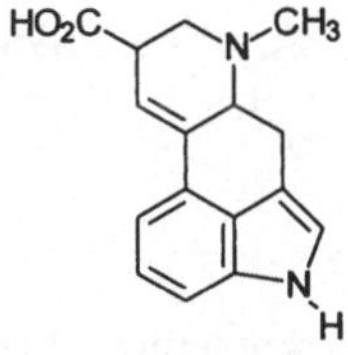

Lysergsäure

5 Sechsring-Heterocyclen mit einem Heteroatom (Pyrane, Pyrone)

5.1 Pyrane

Von den Sechsring-Heterocyclen mit einem O-Atom und zwei C=C-Doppelbindungen, dem α-und γ-**Pyran**, leiten sich die α- und γ-**Pyrone** sowie die **Pyryliumsalze** ab.

[2*H*]-Pyran (α-Pyran) **[4*H*]-Pyran (γ-Pyran)** **Pyrylliumsalz**

Pyryliumsalze können durch Diels-Alder-Reaktion dargestellt werden. Präparative Bedeutung besitzt 2,3-Dihydropyran, das als Schutzgruppe für empfindliche Alkohole dient. Der Alkohol addiert in Übereinstimmung mit der Regel von *Markownikow* an C-2 des Dihydropyrans, da die Protonen-Addition zu einem stabilen Oxoniumion führt.

THP-Ether

Die Tetrahydropyranylether bieten Gelegenheit, die **Konformation** der hydrierten Pyrane im Vergleich mit der des Cyclohexans zu besprechen. Obwohl das Sauerstoffatom die Geometrie des Ringes und auch die Elektronen-Verteilung ändert, bleiben doch grundlegende Ähnlichkeiten erhalten und die Sesselkonformationen überwiegen im Gleichgewicht. Durch die Anwesenheit des Sauerstoffs im Ring kann es aber bei substituierten Tetrahydropyranen zu zwei unterscheidbaren Konformationen kommen.

Von den substituierten Tetrahydropyranen kommt zweifellos die größte Bedeutung den Zuckern zu. Deshalb ist als Beispiel hier die 1-*O*-Methyl-α-D-glucopyranose gewählt, die in der $^4C_1$ bzw. $^1C_4$-Konformation vorliegen kann. Die Nomenklatur ist einfach zu verstehen: "C" steht für "Chair", und in der linken Konformation liegt C-1 unter der durch die Atome 2, 3 und 5 definierten Ebene und C-4 darüber. Man beachte auch die üblicherweise von der IUPAC-Nomenklatur abweichende Bezifferung des Zuckerderivats. Es versteht sich, daß in diesem Fall die linke Konformation mit vier äquatorialen und nur einem axialen Substituenten energieärmer ist als die rechte mit vier axialen Substituenten. Die vergleichsweise erhöhte Stabilisierung der axialen Lage von polaren Substituenten wie der Methoxygruppe gegenüber dem Cyclohexansystem wird als **Anomerer Effekt** bezeichnet. Eine Erklärung für diesen Effekt ist die stabilere nahezu antiparallele Anordnung der resultierenden Dipole der freien Elektronenpaare des Ringsauerstoffs und der polaren Methoxygruppe (s. Pfeile in der Formel). Eine orbitaltheoretische Erklärung wird in der stabilisierenden Überlappung des *O*-Orbitals mit dem rückseitigen Orbital der Sigmabindung (dem "back lobe") der C-O-Bindung der Methoxygruppe gesehen. Diese stabilisierenden Effekte fehlen natürlich beim Cyclohexan, in dem axiale Substituenten in jedem Fall konformativ ungünstiger sind.

5.2 Pyrone

Noch größere Bedeutung als die Pyrane besitzen die **Pyrone**, die in ihrer mesomeren Betain-Struktur partiell aromatischen Charakter haben. Außerdem lassen sie sich leicht in die aromatischen **Pyryliumsalze** überführen.

α-Pyron (Cumalin)

Bei der Synthese der Pyrone kann man von Äpfelsäure ausgehen. Durch Einwirkung von Schwefelsäure findet eine Decarbonylierung zu **Formylessigsäure** statt. Abreaktion nach Art einer Knoevenagel-Kondensation, Cyclisierung und Decarboxylierung führt dann zum α-Pyron.

γ-Pyrone

Eine einfache Synthese des 2,6-Dimethyl-1,4-pyrons geht von Acetessigester aus. Wie üblich erfolgt im letzten Schritt die thermische Decarboxylierung.

Zu den natürlich vorkommenden γ-Pyronderivaten zählen z.B. die **Kojisäure**, die aus Kohlenhydratlösungen (Glucose, Stärke u.a.) unter der Einwirkung von bestimmten Bakterien gebildet wird, ferner das aus Lärchenrinde isolierte **Maltol** und die an Opiumalkaloide gebundene **Mekonsäure**.

Kojisäure **Maltol** **Mekonsäure**

5.3 Pyridin

Pyridin findet sich im Steinkohlenteer (~ 0.1 %) und im Knochenöl und wird daraus technisch gewonnen. Auch als Bestandteil von Naturstoffen ist dieser Heterocyclus häufig anzutreffen. Ein Beispiel ist **Epibatidin**, dessen Strukturr kürzlich aufgeklärt werden konnte [26]. Es ist Bestandteil des Drüsensekrets des südamerikanischen Frosches *Epipedobates tricolor* und wird von den Indianern seit langem als Pfeilgift benutzt. Es wird zur Zeit auf seine Wirkung als Schmerzmittel untersucht, da es ca. 200mal wirksamer ist als Morphin.

Epibatidin

Die schwache tertiäre Base Pyridin (Sdp. 115 °C) ist in jedem Verhältnis mit Wasser mischbar. Die Basizität entspricht etwa der des Anilins.

Basizitäten im Vergleich:	pK$_b$-Werte
Methylamin	3.4
Ammoniak	4.8
Pyridin	8.8
Anilin	9.4
Pyrrol	13.6

Als heteroaromatische Verbindung besitzt Pyridin am *N*-Atom die gleiche Hybridisierung wie die C-Atome im Benzol. Bei der Protonierung am *N*-Atom bleibt der sp^2-Charakter d.h. die Aromatizität erhalten.

Die π-Elektronendichteverteilung im Pyridin ist auf die Elektronegativität des Heteroatoms zurückzuführen. Elektrophile Substitutionen lassen sich ähnlich wie beim Nitrobenzol - wenn überhaupt - nur unter extremen Bedingungen durchführen, und zwar ausschließlich in 3-bzw. 5-Stellung. Die große Stabilität des Pyridins kommt auch darin zum Ausdruck, daß es nicht von Permanganat angegriffen wird und als Lösungsmittel für Oxidationen mit Permanganat Verwendung findet.

5.3.1 Herstellung

In Analogie zu den Fünfringheterocyclen, die vielfach aus 1,4-Dicarbonylverbindungen synthetisiert wurden, können 1,5-Dicarbonylverbindungen (z.B. 1,5-Dialdehyde) zum Aufbau des Pyridins dienen. Wie üblich ist zunächst von einer raschen Imin-Bildung bei der Umsetzung mit Ammoniak auszugehen. Nach der Cyclisierung muß sich noch eine Dehydrierung anschließen. Zu den 1,5-Dialdehyden kann man z.B. durch Hydrolyse der Dihydropyranylether gelangen.

Dihydropyranylether

3-Methylglutardialdehyd

γ-Picolin

Hantzsche Pyridin-Synthese

Der erste Schritt der *Hantzschen* Pyridin-Synthese ist eine Aldolkondensation des Aldehyds mit einem Molekül Acetessigester. Die nachfolgende Michael-Addition an das ungesättigte intermediäre Olefin führt zum 1,5-Diketon, welches durch Umsetzung mit Ammoniak über die übliche rasch verlaufende Iminbildung zum Dihydropyridin abreagiert. Durch Oxidation in Gegenwart von Luftsauerstoff, Verseifung und Decarboxylierung erhält man 1,3,5-tri-substituierte Pyridine.

5.3.2 Reaktionen

Elektrophile Substitutionsreaktionen sind nur unter extremen Bedingungen möglich (s. Schema) und führen zu 3- bzw. 5-substituierten Pyridinen. Friedel-

Crafts-Reaktionen unter den üblichen milderen Bedingungen sind wegen der Tendenz zur Bildung von Pyridiniumsalzen blockiert.

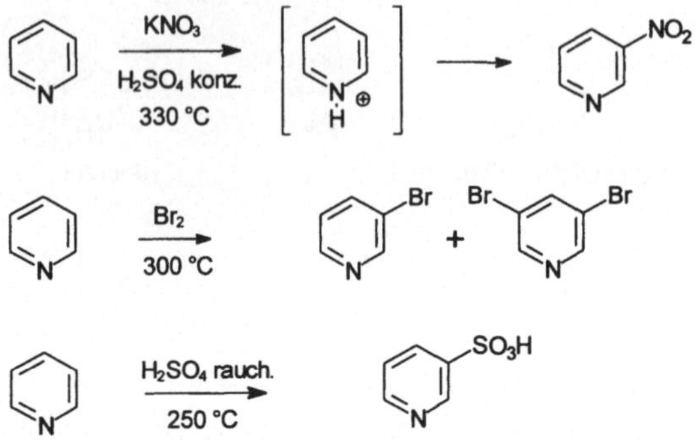

Bei der Umsetzung von Pyridin mit Brom in 48proz. Bromwasserstoffsäure bildet sich Pyridiniumhydrobromid-perbromid, das als mildes Bromierungsagens für Ketone Anwendung findet.

Addition am N-Atom

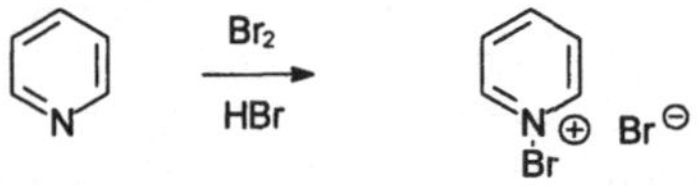

N-acylierte Pyridiniumsalze werden in der präparativen Organischen Chemie zur *O*-Acylierung herangezogen (z.B. Veresterung von Phenolen: *Schotten-Baumann*-Reaktion). Besonders hohe katalytische Aktivität bei Acylierungen weist das basischere 4-(*N*,*N*-Dimethylamino)pyridin (DMAP) auf [27].

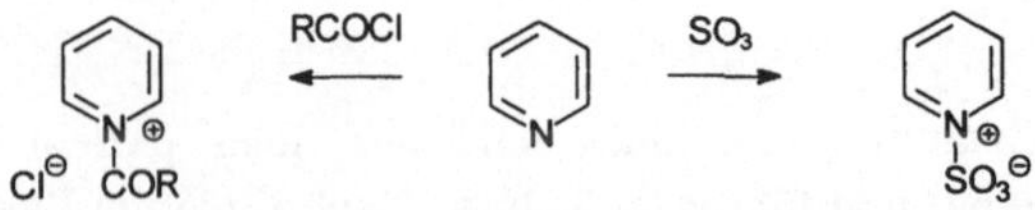

Durch Oxidation am Stickstoffs mit 30 proz. Wasserstoffperoxid erhält man die präparativ wertvollen Pyridinium-*N*-oxide. Wie aus der mesomeren Ladungsverteilung ersichtlich ist, sind auf diesem Wege elektrophile Substitutionen in 4-Position des Pyridins möglich. Die Reduktion zum Pyridin gelingt, wie nachfolgend gezeigt wird, durch Hydrierung in Gegenwart von Raney-Nickel oder durch Reaktion mit Phosphorpentachlorid.

Reaktionen mit Pyridin-*N*-Oxid

Das nachfolgende Schema gibt eine Übersicht der Reaktionen mit Pyridin-*N*-Oxid. Man erkennt, daß eine Nitrierung an C-4 möglich ist. Die Nitrogruppe wird an diesem elektronenarmen π-System glatt durch eine Reihe von Nucleophilen substituiert (Clorid, Alkoholat). Der Sauerstoff des Pyridin-*N*-Oxids läßt sich anschließend leicht wieder reduktiv entfernen. Auf diese Weise sind Substitutionsmuster zu erhalten, die an Grundsystem nicht oder nur schwierig zu erreichen sind.

Nucleophile Substitutionsreaktionen

Die bekannteste nucleophile Substitutionsreaktion des Pyridins, die Aminierung, verbindet sich mit dem Namen *Tschitschibabin*. Dabei reagiert Natriumamid in flüssigem Ammoniak zum 2-Aminopyridin ab.

Starke Nucleophile, wie Alkalimetall-Organyle, greifen besonders leicht die stark polarisierten Kohlenstoffatome in 2-und 6 Position des Pyridins an. Auf diese Weise gelingt die Einführung von Alkyl- und Arylsubstituenten.

Pyridinium-Salze

Eine weitere Elektronenverarmung des Pyridins wird durch Salzbildung hervorgerufen. Dadurch werden Reaktionen mit Nucleophilen noch wesentlich erleichtert. Auf diesem Weg gelingt auch die Ringöffnung des Pyridins (*Zincke*-Spaltung).

Die *Zincke*-Spaltung des Pyridins eröffnete neue Wege zur Herstellung von Polymethin-Farbstoffen. Diese Reaktion war außerdem ein Schlüssel zur Synthese des **Azulens** (*Hafner*) [28].

Königsches Salz **Zinke-Aldehyd** **Azulen**

N-Alkyl-Pyridiniumsalze sind in der *Kröhnke*-Reaktion Ausgangsverbindungen zur Oxidation von Alkylhalogeniden zu Aldehyden.

Oxi-Pyridine

Mit salpetriger Säure reagieren 2- und 4-Aminopyridin unter Stickstoffverlust zu **Pyridonen**; die primär gebildeten Diazoniumsalze können nicht isoliert werden. Lediglich 3-Hydroxypyridin liegt in der Phenolform vor und zeigt auch einige für Phenole typische Reaktionen.

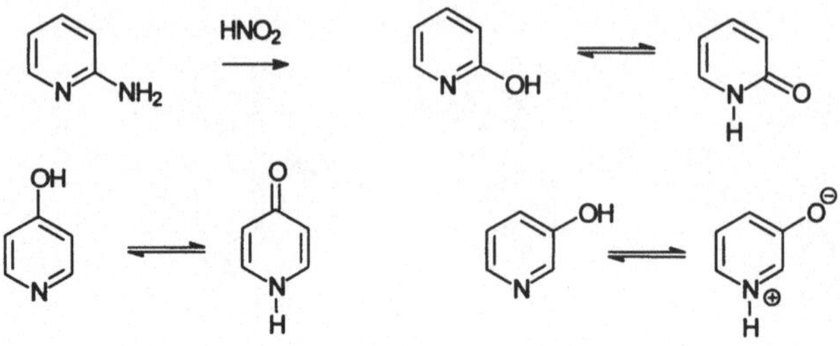
HNO2
NH2
N
OH
N
O
N
H
OH
N
O
N
H
OH
N
O
N
H

5.3.3 Derivate des Pyridins

Halogenpyridine

Der Sauerstoff der 2- und 4-Pyridone läßt sich auf einfache Weise gegen Halogen (z.B. Chlor) austauschen. Als Chlorierungsreagenz kann sowohl Phosphorpentachlorid als auch Phosphoroxychlorid dienen.

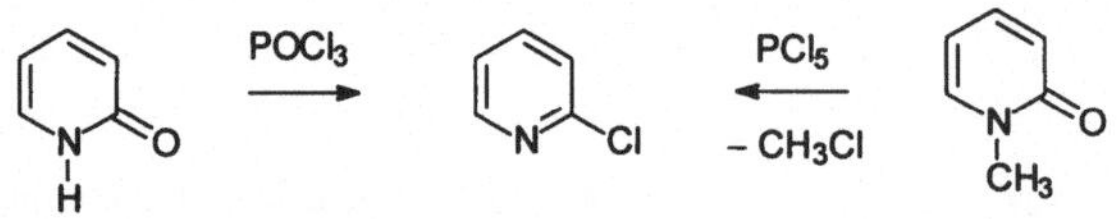
POCl3
PCl5
- CH3Cl
N
H
O
N
Cl
N
CH3
O

Alkylpyridine

Nachfolgendes Schema zeigt die Strukturen und die Trivialnamen einiger wichtiger Methylpyridine.

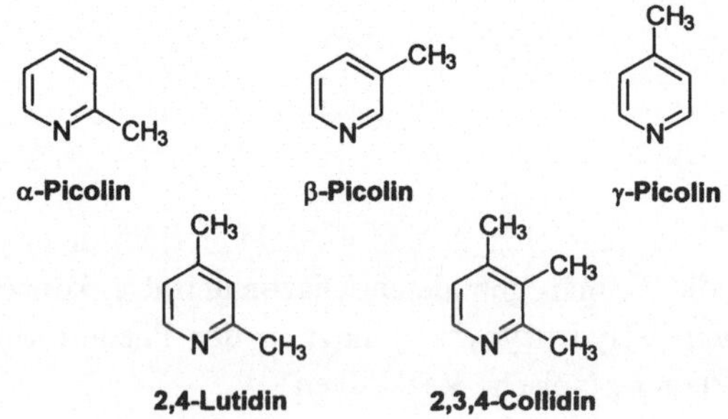
CH3
N
α-Picolin
β-Picolin
γ-Picolin
2,4-Lutidin
2,3,4-Collidin

Alkylpyridine, speziell α- und γ-Picoline, sind C-H-acide Verbindungen und in der Lage, Aldol-Kondensation einzugehen. Das Beispiel zeigt die Aldolkondensation mit Acetaldehyd gefolgt von Hydrierung zum Naturstoff **Coniin**, der als Pfeilgift Verwendung gefunden hat. Mit Selendioxid läßt sich die Methylgruppe zur Aldehydstufe oxidieren. Die aus dem Aldeyd durch Permanganat erhältliche Pyridin-2-carbonsäure wird häufig als komplexierender Ligand eingesetzt.

5.3.4 Derivate mit biochemischer und biologischer Bedeutung

Ein komplexes Derivat des Pyridinium-Ions, Nicotinamid-adenin-dinucleotid (NAD$^+$), ist ein wichtiges biologisches Oxidationsmittel. Es fungiert als Elektronenakzeptor bei Oxidationen von Alkoholen zu Aldehyden (z.B. der Überführung von Vitamin A in Retinal).

Der Redoxvorgang zwischen dem Heteroaromaten und dem Enamid ist im UV-Spektrum verfolgbar. Das Absorptionsmaximum des Pyridiniumions liegt bei λ_{max} 260 nm und das des Enamids bei λ_{max} 340 nm.

Nicotinamid-adenin-dinucleotid (NAD)

Dihydropyridine haben große pharmakologische Bedeutung. Als ein Beispiel sei das Nifedipin genannt, das als Ca-Antagonist eingesetzt wird.

Nifedipin (Ca-Antagonist)

Zu den wichtigen Pyridinderivaten mit biologischer Bedeutung zählt ohne Zweifel das Pyridoxin (Vitamin B_6). Pyridoxin (2-Methyl-3-hydroxy-4,5-di-hydroxymethyl-pyridin) wurde von *Kuhn* neben den Vitaminen B_1 und B_2 aus der Hefe isoliert. In den Hefeextrakten befanden sich noch die ebenfalls Vitamincharakter besitzenden Pyridinderivate Pyridoxal und Pyridoxamin. Diese beiden Verbindungen spielen im biochemischen Transformationen eine wichtige Rolle als Katalysatoren bei Transaminierungsreaktionen (s. Schema).

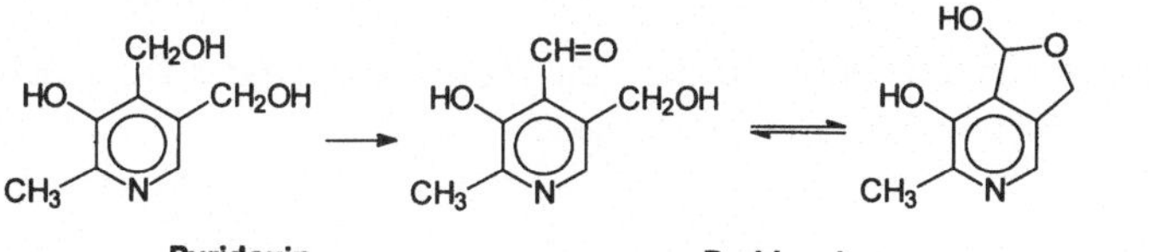

Pyridoxin

Pyridoxal

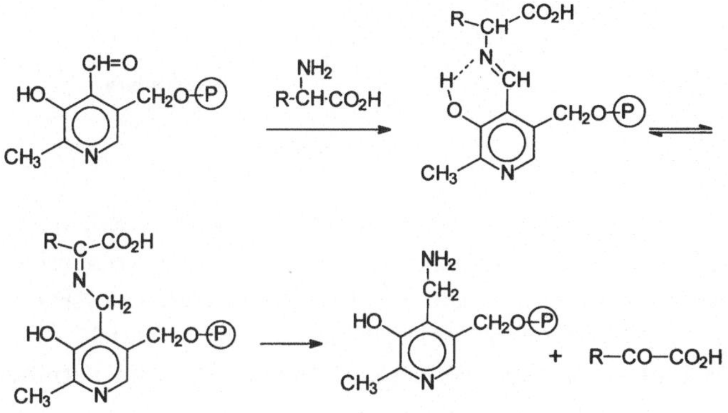

Pyridoxamin

5.4 Synthese des Pyridoxals

Zur Synthese wird der Sechsring des Pyridoxals durch eine Diels-Alder-Reaktion ausgehend von 4-Methyl-5-ethoxyoxazol und 2-Ethoxydihydrofuran aufgebaut. Das Primäraddukt enthält zwei Acetalstrukturen; Säure-katalysierte Öffnung führt unter Eliminierung von Ethanol und Wasser zur Pyridoxals.

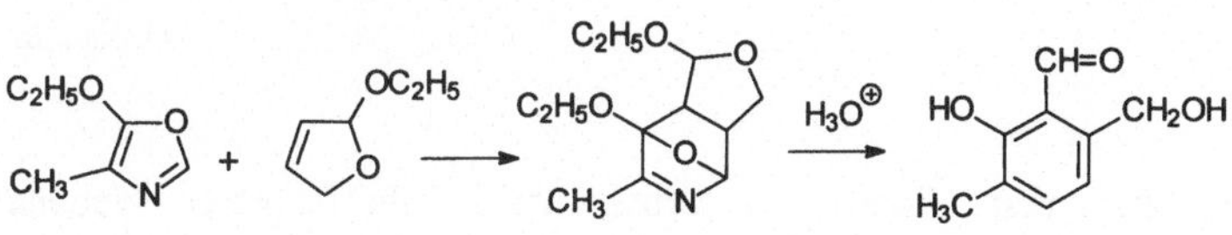

Unter den Alkaloiden vom Pyridin-Typ ist sicherlich **Nicotin** der bekannteste Vertreter. Es kommt als Hauptalkaloid in den Blättern und Wurzeln der Tabakpflanze vor und ist ein farbloses, mit Wasser mischbares Öl. Der oxidative Abbau des Nicotins führt zur Nicotinsäure.

Nicotin **Nicotinsäure**

Die exakte Stereochemie des Nicotin-Moleküls wurde NMR-spektroskopisch durch NOE-Experimente bewiesen. Dabei steht der Pyrrolidinring senkrecht zur Ebene des Pyridinrings. Die Synthese des racemischen Alkaloids ist einfach und wurde von *Spaeth* auf folgendem Weg beschrieben (s. Schema). Schlüsselschritt ist die Cyclisierung des Benzyliodids zum Pyrrolidinring des Nicotins.

D,L-Nicotin

Als Begleiter von Nicotin im Tabak wurde als isomeres Nebenalkaloid **Anabasin** gefunden. Es wird wie Nicotin als Schädlingsbekäpfungsmittel verwendet.

Anabasin

Von den hydrierten Derivaten des Pyridins besitzt besonders das Piperidin Bedeutung, da es in der präparativen Organischen Chemie als sekundäres Amin in der Enamin-Synthese Verwendung findet. Es ist eine farblose Flüssigkeit (Sdp.: 106°) und kann entweder durch katalytische Hydrierung von Pyridin am Pt-Kontakt oder durch Erhitzen von Pentamethylendiamin-dihydrochlorid unter Ammoniak-Abspaltung als Hydrochlorid dargestellt werden.

Für die Konstitutionsaufklärung einiger Alkaloide sind folgende Ringöffnungsreaktionen von Bedeutung, die hier am Beispiel des Piperidins erläutert werden. Das erste Beispiel zeigt die *Hofmann*-Eliminierung der tertiären Amine [29]. Zunächst wird erschöpfend zum quartären Ammoniumsalz methyliert. Mit Silberoxid erfolgt dann der Austausch des Iodids gegen Hydroxid. Die Ammoniumgruppe ist eine exellente Fluchtgruppe und die Eliminierung erfolgt rasch. Sie ähnelt der geläufigen β-Eliminierung; wichtig ist aus stereoelktronischen Gründen die antiperiplanare Anordung der H-C und der C-N-Binung (fett gezeichnet).

Das zweite Beispiel zeigt den Abbau mit Bromcyan nach *von Braun* [30]. Der nucleophile Stickstoff des Amins greift die electrophile Cyanogruppe unter Ausbildung eines Cyanoammoniumbromids an. Die Ladung am Stickstoff wird durch nucleophilen Angriff des Bromids auf das benachbarte Kohlenstoffatom und Umklappen des Elektronenpaars auf den Stickstoff aufgehoben. Das Cyanamid kann dann weiter zum Amid der Kohlensäure verseifen und zum Amin decarboxylieren.

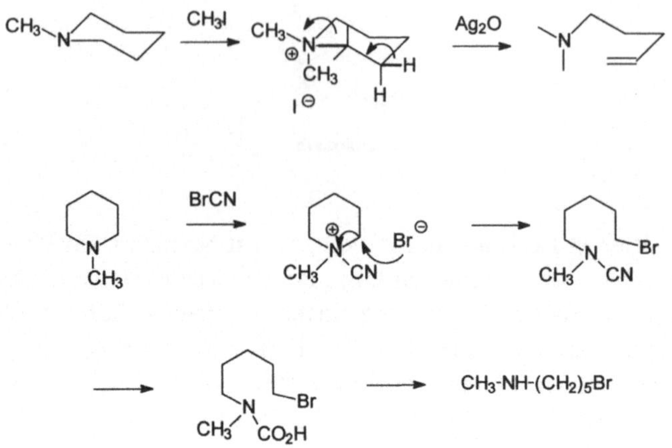

Konformation der Piperidine

Die Stereochemie des Piperidins zeigt, daß ebenso wie beim Cyclohexan die Sessel-Konformation die energetisch günstigste ist. Während tertiäre Amine eine Inversionsschwelle von 7-10 kcal/Mol und der Cyclohexansessel von 10.1-10.8 kcal/Mol besitzen, liegt diese beim Piperidin vergleichsweise sehr niedrig ($\Delta G^{\#}$ ca 0.4 kcal/Mol).

Man nahm lange Zeit an, daß sechsgliedrige gesättigte Ringe mit Stickstoff im Ring niedrigere Inversions-Barrieren besitzen als Cyclohexan, da die der Frage der räumlichen Ausdehnung einer N-H-Bindung im Vergleich zu einem am N-Atom befindlichen freien Elektronenpaar nicht geklärt war. Sie sollten somit leichter Wannen-Konformation annehmen. Die Röntgenstrukturanalyse lieferte dann aber den Beweis, daß der Piperidinring in der Sessel-Konformation vorliegt. Dabei bevorzugt das N-H-Atom die äquatoriale Lage und drängt somit das einsame Elektronenpaar in die axiale Position.

Besonders stark ausgeprägt ist diese äquatoriale Anordnung der Substituenten am Stickstoff beim *N*-Methyl-piperidin. Die Inversion am Stickstoff vollzieht sich um vieles schneller als die Ringinversion, welche eine Wannen- oder Twist-Konformation durchlaufen muß. Das bedeutet, daß die Methylgruppe der Bewegung des N-Atoms folgt und somit in der äquatorialen Lage verbleibt.

Die experimentell ermittelte Barriere von 60 KJ/mol wird daher der Sessel-Wanne-Umwandlung zugeschrieben. Zur genauen Untersuchung der Inversion am N-Atom eines sechsgliedrigen Ringes muß der Ring modifiziert werden und zwar so, daß die Ringinversion der schnellere Vorgang wird. Das erreicht man auf einfache Weise durch Einführung einer Ketofunktion. Die temperatur-abhängige NMR-spektroskopische Analyse des *N*-Methyl-4-piperidons ergab einen Wert von $\Delta G^{\#} = 36$ KJ/mol für diese Barriere, die somit eindeutig auf die Inversion am N-Atom zurückzuführen ist.

Durch geeignete Einführung größerer Substituenten kann man die Wannen-Konformation erzwingen.

Eine solche Wannen-Konformation kann IR-spektroskopisch durch Bildung intramolekularer Wasserstoffbrücken nachgewiesen werden. Die analoge Verbindung ohne Methylsubstituenten an den Kohlenstoffatomen bildet keine intramolekularen Wasserstoffbrücken.

In konformativ festgelegten Piperidinen kann man die α-Protonen nach axialer und äquatorialer Anordnung im NMR-Spektrum gut unterscheiden.

$$H_a: \delta = 2.3$$
$$H_e: \delta = 3.3$$

Naturstoffderivate des Piperidins

Zwei Naturstoffderivate des Piperidins sollen hier noch erwähnt werden. Im Schierling (Pilz) findet sich das außerordentlich giftige **Coniin** (2-Propyl-piperidin) und aus dem schwarzen Pfeffer kann leicht das **Piperin** als Träger des scharfen Pfeffergeschmacks isoliert werden.

Coniin

Piperin

6 Benzokondensierte Sechsring-Heterocyclen

6.1 Benzopyrane

Eine große Anzahl von Naturstoffen leitet sich vom **Chromen** und vom **Chroman** ab. Zugang zu dieser Verbindungsklasse erhält man durch Ortho-kondensation von Benzol mit γ-Pyran. Stammverbindungen vieler pflanzlicher Inhaltsstoffe sind die Chromone.

Chroman **α-Chomon (Cumarin)** **γ-Chromon**

Die Synthesen der Chromone sind einfach und verlaufen zumeist in guter Ausbeute. Die mesomere dipolare Grenzstruktur dieser Verbindungen (10-π Elektronen-Heteroaromat) ist mitverantwortlich für die Farbigkeit der Chromone.

6.1.1 Herstellung

Herstellung von α-Chromon

Salicylaldehyd **Cumarinsäure** **Cumarin**
(*o*-Hydroxyzimtsäure)

Resorcin **Äpfelsäure** **Formylessigsäure** **Umbelliferon**

Herstellung von γ-Chromon

Fries-Verschiebung

Oxalester-Kondens.

H_2SO_4

γ-Chromon

In 2-Position phenylsubstituierte Chromone heißen **Flavone**. Es sind gelbe Farbstoffe, die in höheren Pflanzen weit verbreitet sind. Flavon selbst findet sich als mehlartiger Überzug auf Blättern und Blütenstielen verschiedener Primelarten.

Flavonsynthese nach *von Kostanecki* [31]

(PhCO)$_2$O
NaOCOPh
200°

Ph–CH=O

H_2SO_4

Michael-Add.

Br_2

– HBr

Flavon

Flavonon

Flavonol (3-Hydroxyflavon), das leicht aus Flavonon gewonnen werden kann, ist Ausgangsverbindung einer Reihe gelber Farbstoffe, die in Blüten, Hölzern und Wurzeln vorkommen. Von den Flavonolen leitet sich wiederum eine ganze Klasse von Farbstoffen ab, die Flavyliumfarstoffe oder Anthocyane.

Die **Anthocyane**, die die roten, violetten und blauen Färbungen vieler Blüten, Früchte und anderer Pflanzenteile hervorrufen, stehen den Hydroxyflavonolen chemisch und pflanzenphysiologisch sehr nahe und liegen ebenfalls als Glykoside vor. Durch Säuren oder glykosidspaltende Enzyme werden sie in die betreffenden Zucker und die eigentlichen Farbstoffkomponenten (Aglykone), die **Anthocyanidine**, gespalten. Bei der sauren Hydrolyse gehen die Anthocyanidine in **Flavyliumsalze** über. Die wichtigsten Anthocyanidine konnten synthetisch hergestellt werden.

Synthese nach *Robinson*

Monobenzoylphloroglucinaldehyd und Triacetoxyacetophenon werden in Gegenwart von gasförmigem Chlorwasserstoff, der in Essigester gelöst ist, zum benzoylierten Cyanidinchlorid umgesetzt. Die Abspaltung der Schutzgruppen gelingt anschließend leicht durch Erhitzen in wäßriger Salzsäure.

Monobenzoyl-
phloroglucinaldehyd

Chalkon

HCl

$H_3O^{\oplus}$

Cyanidinchlorid

Die Strukturaufklärung der Hydroxyflavonole und Flavyliumsalze gelang mit Hilfe der Alkalischmelze. Als Spaltprodukte wurden **Phloroglucin** und **Protocatechusäure** isoliert und damit die Stellungen der phenolischen OH-Gruppen festgelegt.

Cyanidinchlorid

NaOH / Alkalischmelze

$- CO_2$

Phloroglucin   Protocatechusäure   Brenzcatechin

6.1.2 Naturstoffderivate der Chromane und Chromone

Wichtigster Pflanzenfarbstoff aus der Flavonolreihe ist **Quercetin**. Er kommt glykosidisch (in 3-Position) gebunden in der Rinde der amerikanischen Eiche vor, sowie in den Blüten des gelben Stiefmütterchens, der Rosen und des Hopfens. **Morin** ist ein empfindliches Reagenz auf Aluminium-Ionen und aus

Gelbholz isoliert worden. In alkoholischer Lösung tritt eine charakteristische grüne Fluoreszenz auf.

Quercetin

(3,5,7,3′,4′-Pentahydroxyflavon)

Morin

Als Abkömmlinge des Chromans mit isoprenoider Seitenkette besitzen die 4 Vertreter der **Vitamin E**-Reihe (α-, β-, γ- und δ-**Tocopherol**) besondere Bedeutung. Dieser Wirkstoff gehört zur Gruppe der fettlöslichen Vitamine und findet sich reichlich in pflanzlichen Ölen.

α-Tocepherol

β-und γ-Tocopherol enthalten je eine Methylgruppe weniger als α-Tocopherol, und zwar fehlt im β-Tocopherol die Methylgruppe in der 7-und im γ-Tocopherol die in der 5-Stellung. Im δ-Tocopherol fehlen beide Methylgruppen in 5- und 7-Position. Vitamin E zählt zur Gruppe der Wirkstoffe, die im Bioorganismus als Antioxidantien auftreten (vgl. Vitamin C und β-Carotin).

Anthocyane

Trotz der Vielfältigkeit der Farbnuancen im Blütenreich lassen sich die Anthocyanidine auf folgende drei Grundtypen der Flavyliumsalze zurückführen, die sich nur durch die Anzahl der OH-Gruppen am 2-ständigen Phenylkern unterscheiden: **Pelargonidinchlorid**, **Cyanidinchlorid** und **Delphidinchlorid**.

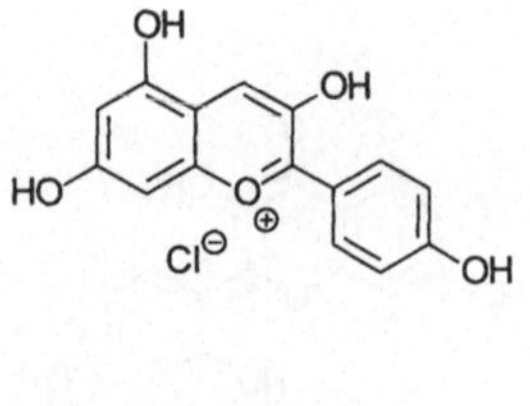

Pelargonidinchlorid
(orange)
Pelargonie, Dahlie, Aster

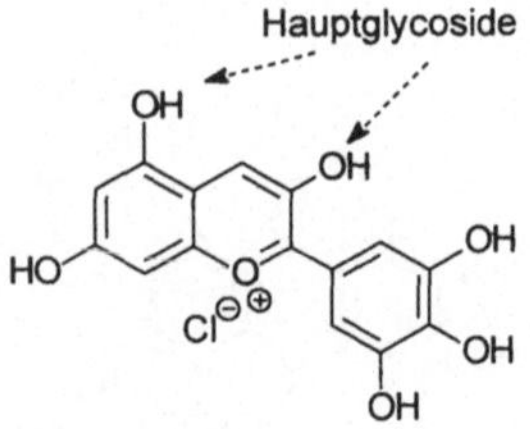

Delphidiniumchlorid
(blau)
Rittersporn, Stiefmütterchen, Wicken

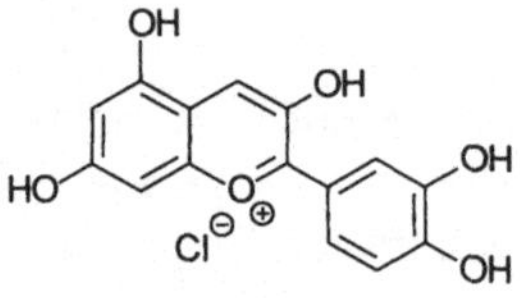

Cyanidiniumchlorid

Rose, Kornblume, Mohn, Kirschen, Pflaumen

Während die mineralsauren Salze der Anthocyanidine mehr oder weniger rot gefärbt sind, zeigen die durch Neutralisation der Salze entstehenden freien Anthocyanidine violette bis blaue Farbtöne (chinoide Struktur).

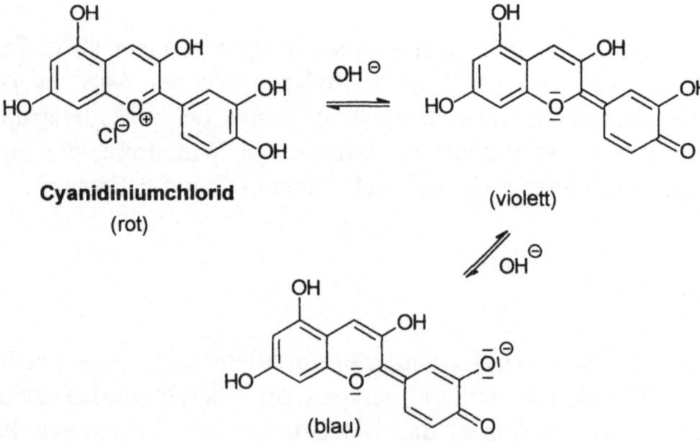

Cyanidiniumchlorid
(rot)

(violett)

(blau)

6.2 Benzopyridine

Die Orthokondensation eines Benzolkerns an Pyridin kann auf zweierlei Weise erfolgen und führt zu den Stammverbindungen **Chinolin** und **Isochinolin**.

Chinolin

Isochinolin

Beide strukturisomeren Ringsysteme treten als Grundkörper in Alkaloiden auf. Isochinolin unterscheidet sich vom Chinolin durch seine stärkere Basizität. Beide Verbindungen können durch Destillation aus Steinkohlenteer gewonnen werden.
Chinolin ist eine farblose scharf riechende Flüssigkeit, deren Basizität etwa der des Anilins entspricht.

6.2.1 Herstellung

1. *Skraup*sche Synthese

Anilin wird mit Acrolein in Gegenwart von konzentrierter Schwefelsäure und Nitrobenzol als Dehydrierungsmittel erhitzt. Über eine Michael-Reaktion und eine sich anschließende elektrophile Substitution erhält man zunächst 1,2-Dihydrochinolin, welches zu Chinolin dehydriert wird.

Dihydrochinolin

Chinolin

2. *Doebner-von Miller* Chinaldinsynthese

Analog verläuft die Kondensation von Anilin und Crotonaldehyd mit nachfolgender Dehydrierung zum **Chinaldin**.

3. Friedländer-Synthese

Diese Synthese eignet sich jedoch nur für substituierte Chinoline, da der hier in die Reaktion eingebrachte Acetaldehyd im alkalischen Milieu zu Nebenreaktionen führt.
So reagiert z. B. 2-Aminobenzophenon in hoher Ausbeute mit 2,4-Pentandion zum 2-Methyl-3-acetyl-4-phenyl-chinolin.

Elektrophile Substitutionen erfolgen beim Chinolin leichter als beim Pyridin, jedoch wird bevorzugt der Benzolkern angegriffen. Die Nitrierung des Chinolins führt zu einem Gemisch von 5-und 8-Nitrochinolin. Bei der Oxidation mit Kaliumpermanganat wird der Benzolkern unter Bildung von **Chinolinsäure** abgebaut. Bei der Hydrierung findet zunächst eine Absättigung des heterocyclischen Ringes statt.

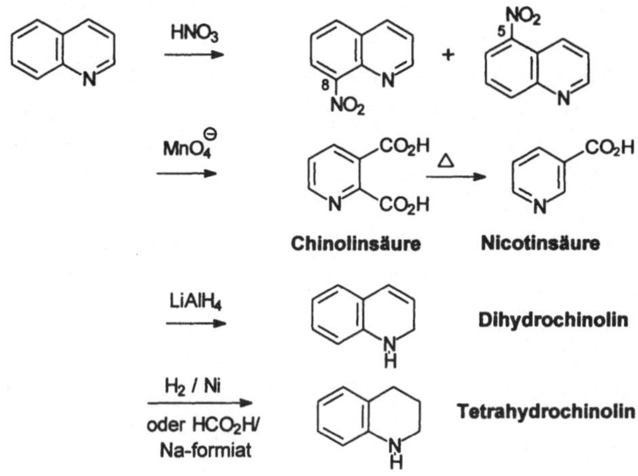

Nucleophile Substitutionen verlaufen wie beim Pyridin bevorzugt in der 2-Position ab. So führt die Umsetzung von Chinolin mit Phenyllithium zum 2-Phenylchinolin. Die Oxidation des Heteroatoms mit Peroxiden eröffnet analog den Weg zu elektrophilen Substitutionen in der 4-Position. 4-Nitrochinolin erhält man durch Nitrierung von **Chinolin-*N*-oxid**.

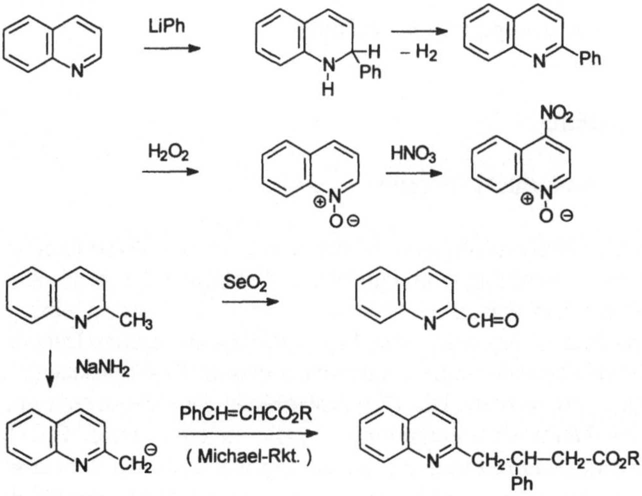

Die an C-2- und C-4 alkylierten Chinoline verhalten sich ähnlich wie die entsprechenden Picoline. Die aktivierten Methylenverbindungen gehen die für sie typischen Additions-und Kondensationsreaktionen ein. Die durch den Elektronenmangel des stickstoffhaltigen Chinolinringes hervorgerufene Aktivierung der in 2-Position befindlichen Alkylgruppen eröffnet viele Wege zu Reaktionen in der Seitenkette.
So wird 2-Methylchinolin durch Selendioxid zum Chinolin-2-aldehyd oxidiert. Außerdem wird die C-H-Acidität dieser Methylengruppen für Aldolkondensationen und Michael-Reaktionen genutzt.

Chinophthalon
(gelber Farbstoff)

6.3 Isochinolin

Isochinolin, das vom Geruch her an Benzaldehyd erinnert, ist eine stärkere Base als Chinolin. Sie schmilzt bei 26.5 °C und ähnelt in ihrem chemischen Verhalten dem Chinolin. Zur Synthese von Isochinolin-Derivaten benutzt man am besten die beiden folgenden Verfahren.

6.3.1 Herstellung

1. Bischler-Napieralski-Reaktion

Nach *Bischler-Napieralski* werden die aus 2-Phenylethylaminen erhältlichen Amide unter Einwirkung von Phosphoroxylchlorid oder auch Phosphorpentoxid cyclodehydratisiert. Der einleitende Additionschritt ist eine elektrophile Addition nach dem Friedel-Crafts-Typ, gefolgt von rascher Dehydratisierung. Auch carbocyclische Systeme können nach diesem Reaktionsschema an Benzolringe kondensiert werden. Die Dihydroverbindungen lassen sich mit Borhydriden zu den Tetrahydroisochinolinen hydrieren oder durch Einwirkung von Palladium-Katalysatoren in der Hitze zu den Isochinolinen dehydrieren. So erhält z. B.man aus *N*-Benzoyl-phenylethylamin das 1-Phenylisochinolin.

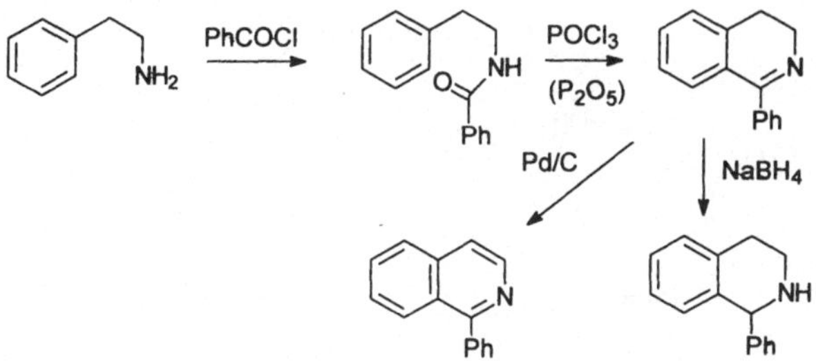

2. Pictet-Spengler-Reaktion

Die *Pictet-Spengler*-Reaktion verläuft nach einem ähnlichen Mechanismus wie die *Bischler-Napieralski*-Reaktion und führt ebenfalls in Abhängigkeit von der Variation des Restes R zu 1-substituierten Isochinolinen. Besonders gut eignet sich die *Pictet-Spengler*-Reaktion beim Einsatz von Formaldehyd zur Herstellung unsubstituierter Isochinoline.

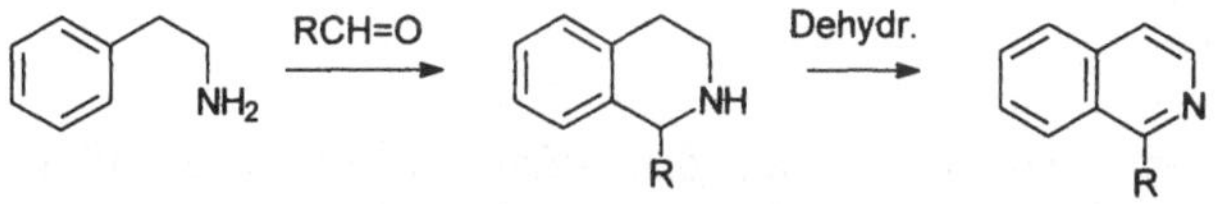

6.4 Naturstoffderivate des Chinolins

Von den benzokondensierten Pyridinen, dem Chinolin und dem Isochinolin, leiten sich einige wichtige Naturstoffe aus der Reihe der Alkaloide ab. Als wirksames Therapeutikum gegen Malaria erwies sich das aus Chinarinde isolierte Chinin, welches 1945 von *Woodward* erstmals synthetisiert wurde. In neuerer Zeit wird das wesentlich wirksamere Plasmochin als Chemotherapeutikum eingesetzt.

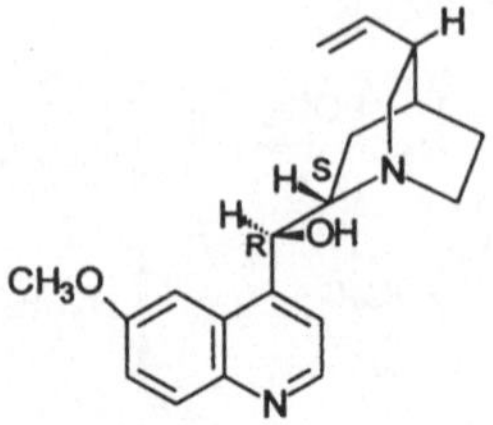

Chinin

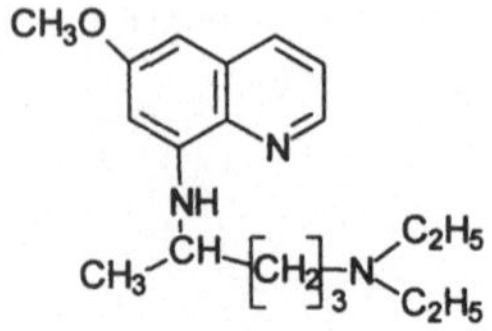

Plasmochin

Aus der Isochinolin-Reihe sind besonders die **Opiumalkaloide** hervorzuheben. Diese strukturell unterschiedlich gebauten Pflanzenbasen stammen zum größten Teil aus dem Milchsaft unreifer Mohnkapseln. **Papaverin** ist eine solche Base mit schwach narkotischer und zugleich krampflösender Wirkung.

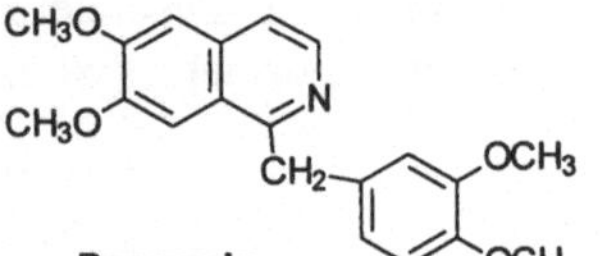

Papaverin

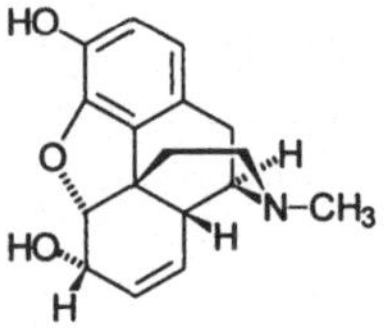

Morphin

Morphin ist das zeitlich erste aus dem Pflanzenreich in kristalliner Form isolierte Alkaloid. Es wurde von *Sertürner* in Paderborn entdeckt und 1805 erstmals als *principium somniferum* beschrieben [32]. Erst im Jahre 1952 gelang jedoch die Totalsynthese dieser Verbindung (*Gates* und *Tschudi*) [Übersicht: 33]. Morphin findet vor allem als schmerzstillendes und schlafbringendes Mittel Anwendung. Bei häufigem Gebrauch besteht wie bei den meisten Opiaten Suchtgefahr. Der Aryl-monomethylether des Morphins, das **Codein**, ist weniger giftig als die Stammverbindung und wird in der Medizin als hustenstillendes Mittel benutzt. Das als Rauschgift bekannte **Heroin** ist das diacetylierte Morphin.

7 Fünfringheterocyclen mit mehreren Heteroatomen

Oxazol   **Isoxazol**   **Thiazol**

Die hier aufgeführten Heteroaromaten lassen sich vom Furan und Thiophen ableiten, wobei in 2- der 3-Position jeweils eine Methingruppe durch ein N-Atom ersetzt wurde. Alle Ringsysteme dieser Art zählen, wenn auch eingeschränkt, zu den π-elektronenreichen Heteroaromaten. Auch wenn durch das Einfügen eines weiteren elektronegativen Heteroatoms eine Verzerrung der π-Elektronen im aromatischen System hervorgerufen wird, teilen sich nach wie vor 5-Ringatome 6 π-Elektronen. Diese unsymmetrische π-Elektronenverteilung schränkt natürlich den Angriff elektrophiler Reagentien auf diese Heteroaromaten stark ein.

7.1 Oxazol

7.1.1 Herstellung

Oxazol ist eine bei 70 °C siedende Flüssigkeit und und eine pyridinähnlich riechende schwache Base. Die Herstellung der Oxazole erinnert an die Furansynthesen aus 1,4-Diketonen.

2,5-Dialkyloxazol

Acylierte Aminoketone reagieren aus dem Keto-Enolgleichgewicht in Gegenwart wasserentziehender starker Säuren zu disubstituierten 1,3-Oxazolen. Die acylierten Aminoketone gewinnt man am besten durch Reduktion von Isonitrosoketonen mit Zinkstaub und Eisessig in Gegenwart von Acetanhydrid.

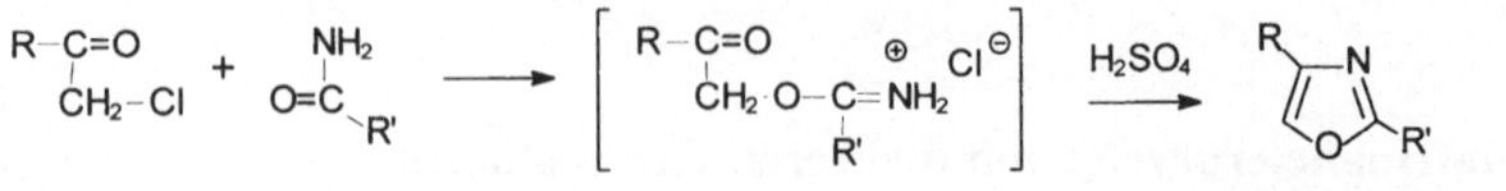

2,4-Dialkyloxazol

7.1.2 Reaktionen

Bei der Reaktion von Halogenketonen mit Säureamiden bildet sich primär der Imidoester des Halogenketons, der entweder Ringschluß zum Oxazol oder Spaltung zum Hydroxyketon erfährt.

Von präparativer Bedeutung sind die partiell hydrierten 1,3-Oxazole. Sie dienen als Schutzgruppen für Carbonsäuren und ermöglichen so eine Vielzahl von Reaktionen am α-ständigen C-Atom.

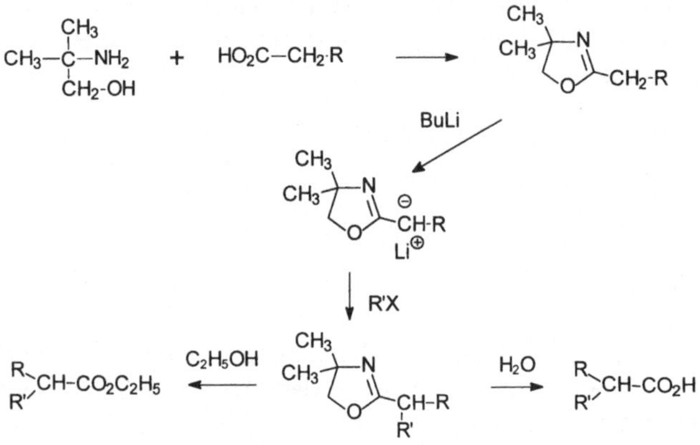

7.2 Isoxazol

Im Gegensatz zum 1,3-Oxazol ist das 1,2-strukturisomere Isoxazol gegenüber Säuren stabil. Von Basen wird es jedoch angegriffen und ähnlich wie bei der Reduktion in ein β-Aminoketon aufgespalten. Die N-O-Bindung läßt sich ebenfalls reduktiv leicht spalten, was gleichermaßen für offenkettige wie cyclische Systeme gilt.

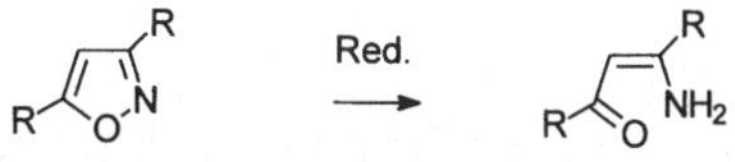

7.2.1 Herstellung

Die Synthese der Isoxazole gelingt auf konvergente Weise durch **1,3-dipolare Cycloaddition** von Nitriloxiden an Acetylenderivate. Die 1,3-dipolare Cycloaddition zählt mechanistisch zu den konzertierten Reaktionen; sie ist nach den *Woodward-Hoffman*-Regeln thermisch erlaubt [34].

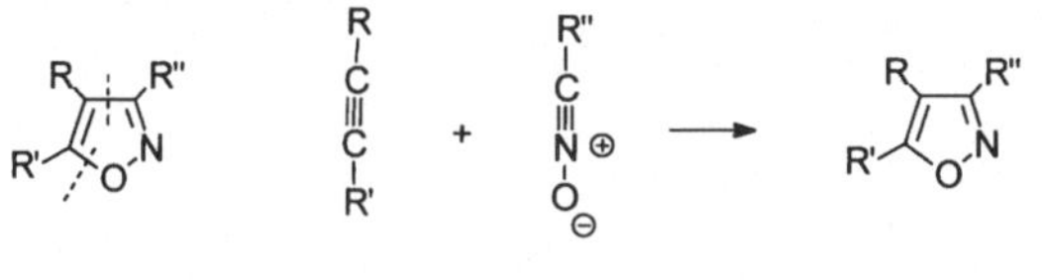

7.3 Thiazol

Das Schwefelanalogon des 1,3-Oxazols, das Thiazol, besitzt vor allem als Baustein im Vitamin B_1 und in dem Coenzym Cocarboxylase biochemische Bedeutung. Thiazol ist eine bei 117 °C siedende Flüssigkeit, die dem Pyridin in den Eigenschaften sehr ähnelt. Thiazol reagiert in wäßriger Lösung neutral, bildet aber mit Mineralsäuren beständige Salze. S_E-Reaktionen sind nur in der 5-Position möglich, wenn sich in 2-Position ein elektronenspendender Substituent befindet.

7.3.1 Herstellung

Die Synthese der Thiazole ähnelt dem Aufbau der 1,3-Oxazole und gelingt durch Kondensation der α-Halogenketone mit Thioamiden.

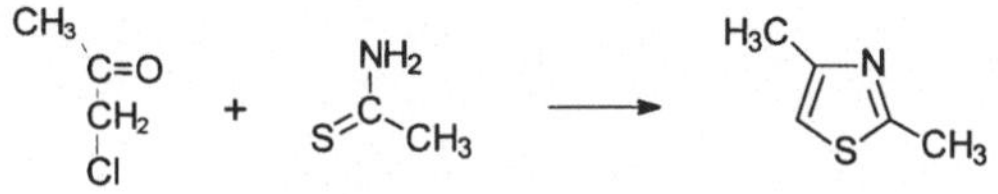

Thioacetamid **2,4-Dimethylthiazol**

7.3.2 Thiazolderivate mit biologischer Bedeutung

Vitamin B$_1$ oder Thiamin, das den Thiazolkern als Baustein enthält, findet sich in fast allen pflanzlichen und tierischen Geweben, vor allem in Getreideschalen sowie in Hefe und Kartoffeln. Als Pyrophosphat fungiert es als Coenzym für einige biochemische Umsetzungen, z.B. der Decarboxylierung von Brenztraubensäure und nachfolgender Reduktion des Acetaldehyds zu Ethanol. Diese Reaktionsfolge wird beim Prozeß der alkoholischen Gärung durchlaufen.

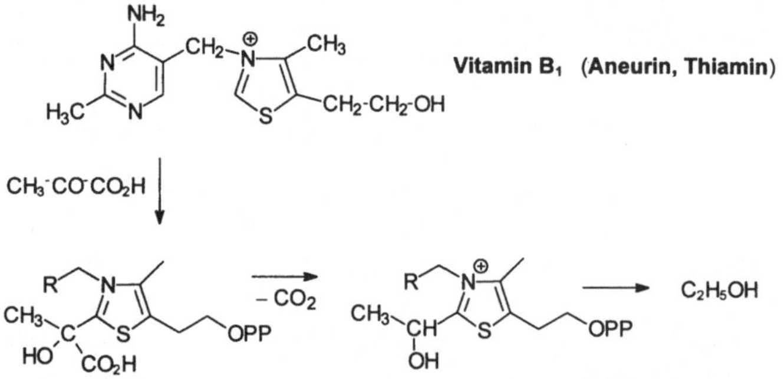

Ferner fungiert Thiaminpyrophosphat (TPP) als prosthetische Gruppe der Transketolase. Chemische Gundlage dieser Reaktion ist die einzigartige Fähigkeit des Thiazols ein Carbanion auszubilden, das z.B. mit Ketosen reagieren kann. Diese Addukte fragmentieren leicht unter Abspaltung eines Aldehyds zu einem Carbanion. Das neu gebildete Carbanion kann dann mit Aldehyden unter C-C-Verknüpfung reagieren. Da der Prozeß reversibel ist, können auf diese Weise verschiedene Ketosen ineinander umgewandelt werden (Transketolase-Reaktion). Das unten gezeigte Carbanion wird als "aktiver Acetaldehyd" bezeichnet. Es ist ein typisches Beispiel für eine Umpolung der Reaktivität von Carbonylgruppen, die normalerweise Elektrophile sind, hier aber als Nucleophile fungieren [vgl. 35].

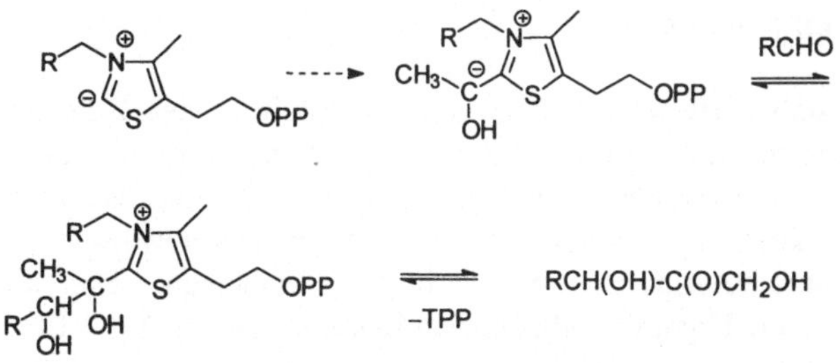

Diese Eigenschaft von Thiazoliumsalzen zur Umpolung der Reaktivität wird auch in der Synthesechemie bei der Addition von Aldehyden an α,β-ungesättigte Carbonylverbindungen ausgenutzt [36]. Neuerdings ist die Fähigkeit zur Metallierung von Thiazolen gefolgt von späterer Demaskierung der Gruppe zu Aldehyden oder Säuren zur Homologisierung bei der Synthese seltener Zucker [37] oder Aminosäuren entwickelt worden [38].

Die Synthese des Vitamins B_1 wurde - unabhängig voneinander - von zwei Arbeitskreisen durchgeführt (*Williams, Andersag* und *Grewe, Westphal*). Dabei wurden die beiden heterocyclischen Bausteine, der Thiazol- und der Pyrimidinteil, zunächst getrennt dargestellt und anschließend durch S_N-Reaktion miteinander verknüpft.

Synthese des Vitamin B_1

Thiazolkomponente

Unter Basenkatalyse wird Acetessigester mit Ethylenoxid zum Acetyl-butyrolacton umgesetzt, welches dann unter den Bedingungen der *Karrash-Sosnowski*-Reaktion chloriert wird. Das aus dem chlorierten Acetylbutyrolacton durch milde Hydrolyse unter Decarboxylierung zugängliche α-Halogenketon reagiert mit Thioformamid zu 4-Methyl-5-hydroxyethyl-thiazol.

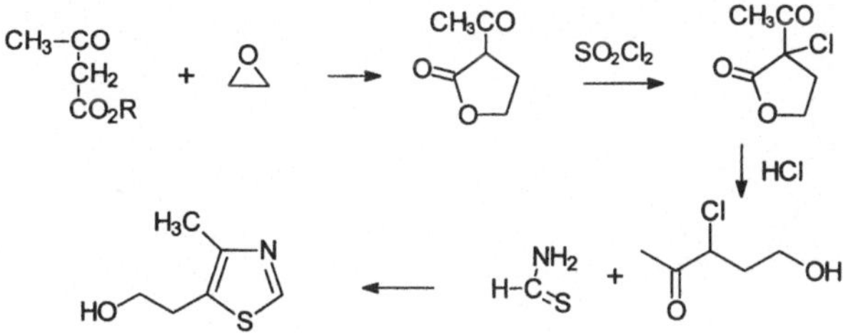

Pyrimidinkomponente

Die basenkatalysierte Umsetzung von **Acetamidin** mit 2-Formyl-3-alkoxy-propionsäureester führt zum entsprechenden Hydroxypyrimidin. Chlorierung mit $POCl_3$, anschließende Aminolyse mit Ammoniak und nachfolgende Etherspaltung mit konz. Bromwasserstoffsäure lassen das gewünschte 2-Methyl-4-amino-5-(brommethyl)pyrimidin-hydrobromid entstehen. Die abschließende S_N-Reaktion zum Thiamin vollzieht sich in ethanolischer AgCl-Lösung.

8 Fünfringheterocyclen mit mehreren N-Atomen

Pyrazol

Imidazol

1,2,3-Triazol

8.1 Pyrazol

Pyrazol leitet sich vom Pyrrol durch Ersatz einer Methingruppe in 2-Stellung ab. Es zählt wie dieses zu den π-elektronenreichen Heteroaromaten. Pyrazol ist eine schwache Base von pyridinartigem Geruch (Schmp.:70 °C). Die Basizität, die im wesentlichen durch das doppelt gebundene N-Atom hervorgerufen wird, ist auch Ursache für die Beständigkeit gegenüber Oxidationsmitteln und starken Säuren.

8.1.1 Herstellung

Die Herstellung der Pyrazole gelingt sowohl durch Reaktion von 1,3-Dicarbonylverbindungen mit Hydrazinen als auch durch 1,3-dipolare Cycloaddition von Diazoalkanen an aktivierte Acetylenderivate.

Durch den insgesamt resultierenden π-Elektronenüberschuß des Pyrazols erklärt sich der Ablauf elektrophiler Substitutionsreaktionen in 4-Stellung. Chlorierung und Nitrierung führen zu 4-Chlor bzw. 4-Nitropyrazolen. Nitropyrazole lassen sich zu Aminopyrazolen reduzieren, die sich dann leicht diazotieren lassen und Azokupplungsreaktionen eingehen.

8.1.2 Reaktionen

Gegenüber Reduktionsmitteln sind Pyrazole sehr widerstandsfähig. Mit nascierendem Wasserstoff (Na + Alkohol) wird langsam das Dihydroprodukt Δ^2-Pyrazolin gebildet, welches noch basischer ist als Pyrazol. Einfacher erhält man es durch Umsetzung von Acrolein (1,3-Acceptor) und Hydrazin als 1,2-Donator.

Von Δ^2-Pyrazolin leiten sich einige wertvolle Pyrazolonderivate ab, die man durch cylisierende Kondensation von Hydrazinderivaten mit β-Ketosäureestern erhält. Bei der Umsetzung von Acetessigester mit Phenylhydrazin entsteht 1-Phenyl-3-methyl-5-pyrazolon, das in drei tautomeren Formen auftreten kann.

Die drei tautomeren Formen des 1-Phenyl-3-methyl-5-pyrazolons spielen eine wichtige Rolle in der Pharma-und Farbstoffchemie. Von der N-H-Form leiten sich die bekannten Analgetika **Antipyrin** und **Pyramidon** ab.

Die C-H-und O-H-Formen sind jeweils wertvolle Ausgangsverbindungen für verschiedene Farbstoffe. Die oxidative C-C-Verknüpfung zweier Bausteine der C-H-tautomeren Form führt zu dem indigoiden Farbstoff **Pyrazolonblau**. Der phenolische Charakter der O-H-tautomeren Form wird zur Herstellung des Azofarbstoffes **Eriochromrot B** genutzt, der durch Azokupplung von 2-Naphthol-4-sulfonsäure-diazoniumchlorid mit diesem phenolähnlich aktivierten Heteroaromaten gewonnen wird.

FeCl$_3$

C-H-Form

Pyrazolonblau

O-H-Form

Eriochromrot B

8.2 Imidazol

Imidazol ist eine farblose Substanz (Schmp.: 90 °C), die sich in Wasser sowie Ethanol leicht löst und mit Mineralsäuren beständige Salze bildet. Die wesentlich stärkere Basizität des Imidazols gegenüber dem Pyrazol ist offenbar auf die cyclische Amidinstruktur zurückzuführen. Wie im Pyrazol ist die π-Elektronendichte an den C-Atomen auch im Imidazol geringer als im Pyrrol.

8.2.1 Herstellung

Die Herstellung des Imidazols gelingt durch Umsetzen von Acyloinen mit Formamid Synthesen dieser Art mit Hilfe von Formamid sind von *Bredereck* eingehend untersucht worden [39].

Die Addition zweier Moleküle Formamid an Acyloine führt unter zweimaliger Wasserabspaltung zum 1,2-(Diformylamino)ethen, welches intramolekular zum *N*-Formylimidazolderivat kondensiert.

Sehr einfach läßt sich Imidazol auch durch Kondensation von α-Halogenketonen mit Amidinen darstellen.

8.2.2 Reaktionen

Elektrophile Substitutionen (Halogenierung, Nitrierung, Sulfonierung) treten vorwiegend in 4- oder 5-Stellung ein, jedoch erfolgt mit Säurechloriden keine Friedel-Crafts-Reaktion mehr, weil das basische N-Atom die unter diesen Bedingungen gebildeten Acyliumionen salzartig bindet und den elektrophilen Angriff damit verhindert.

Reaktionen in 2-Position (Amidin C-Atom) sind nur mit Hilfe N-geschützter Imidazole möglich. Wegen ihrer leichten Hydrolysierbarkeit werden Carbonylderivate als Schutzgruppen bevorzugt.

Ameisensäure-Imidazolide lassen sich durch Reaktion mit Lithiumdialkylamiden in 2-Position metallieren. Die so dargestellten Nucleophile sind sehr reaktiv und können leicht leicht alkyliert oder acyliert werden.

Die Labilität der N-C=O-Bindung N-acylierter Imidazole kann präparativ zur Funktions-gruppenumwandlung von Carboxylderivaten genutzt werden (*Staab*).

N,N-Carbonyldiimidazol

N-acylierte Imidazole, (Carbonsäureimidazolide) verhalten sich nicht wie klassische Carbonsäureamide und reagieren im Gegensatz zu diesen mit Lithiumaluminiumhydrid nicht zu Aminen sondern zu Aldehyden ab. Ursache für dieses außergewöhnliche Verhalten ist das Fehlen der **Amid-Mesomerie**, d.h. es kommt hier nicht zur π-Orbitalüberlappung wie bei gewöhnlichen

Carbonsäureamiden, weil damit gleichzeitig der aromatische Charakter des Imidazols verloren ginge.

N,O-Acetal

Die hohe Selektivität und Reaktivität des *N,N*-Carbonyldiimidazols wird besonders in der Peptidsynthese geschätzt. Hier dient diese Verbindung vor allem als Schutzgruppe für die Carboxylfunktion.

8.2.3 Wichtige Imidazolderivate

Vom Imidazol leitet sich die Aminosäure Histidin ab. Als Eiweißkomponente des Blutes (11%) kann **Histidin** leicht aus diesem isoliert werden. Unter dem Einfluß von Fäulnisbakterien spaltet die Aminosäure leicht Kohlendioxid ab und geht in Histamin über. Die Freisetzung dieses biogenen Amins wird als Ursache der allergischer Reaktion angesehen.

Hydantoin (Imidazolidin-2,4-dion) ist eine interessante Schlüsselverbindung zur Herstellung von Aminosäuren. Durch Kondensation von Aldehyden und Ketonen mit der aktivierten Methylengruppe in 5-Stellung eröffnet sich ein einfacher Zugang zu unterschiedlich substituierten Aminosäuren.

Zur Gruppe der Biowuchsstoffe gehört das **Biotin** (Vitamin H), in dem ein Imidazolidon mit einem Thiophanring kondensiert ist. Im Organismus des Menschen hat sich Biotin als ein für die normale Funktion der Haut notwendiger Wirkstoff erwiesen.

8.3 1,2,3-Triazol

Von den Fünfringheterocyclen mit mehreren N-Atomen soll hier nur das 1,2,3-Triazol erwähnt werden, das ebenso wie Pyrazol und Imidazol in zwei tautomeren Formen auftreten kann. Physikalische Befunde haben ergeben, daß in diesem Gleichgewicht die 2H-Form überwiegt.

1 H-Form   2 H-Form

Die π-Elektronendichte an den Kohlenstoffatomen nimmt im Vergleich zu Pyrrol, Pyrazol und Imidazol weiter ab, so daß elektrophile Substitutionen nur noch eingeschränkt möglich sind.

8.3.1 Herstellung

1,2,3-Triazol kann durch 1,3-dipolare Cycloaddition aus Acetylendicarbonsäure und Benzylazid dargestellt werden. Durch quantitative Decarboxylierung und hydrierende Abspaltung von Toluol gewinnt man den unsubstituierten Heteroaromaten.

8.3.2 Derivate

Als Derivate des 1,2,3-Triazols seien die Osotriazole erwähnt, die durch Erhitzen von Zucker-Osazonen mit wäßeriger Kupfer(II)-sulfat-Lösung entstehen. Der oxidative Abbau der Seitenkette mit Periodsäure führt dann zu den entsprechenden Aldehyden.

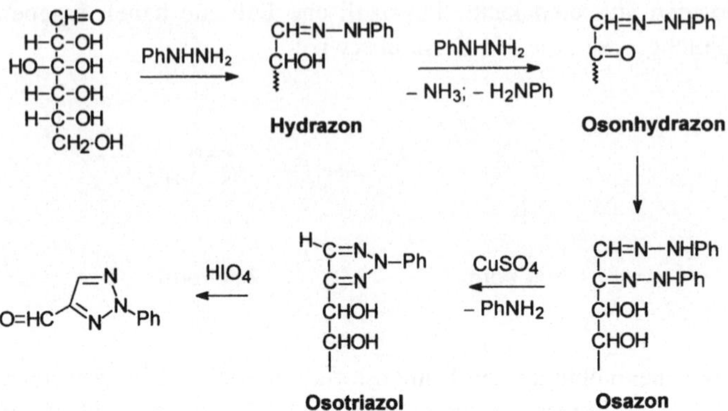

9 Sechsringheterocyclen mit mehreren Heteroatomen

Von der großen Zahl der Sechsringheterocyclen mit mehreren Heteroatomen sollen nur die hier aufgeführten Verbindungen erwähnt werden, da sie sowohl in der präparativen als auch in der analytischen Chemie eine gewisse Rolle spielen.

9.1 Dioxane

1,3-Dioxan ist das Acetal, das durch sauerkatalysierte Reaktion von Formaldehyd und Propan-1,3-diol entsteht.
1,4-Dioxan ist ein cyclischer Ether mit relativ hohem Siedepunkt (101 °C) und wird deshalb als aprotisches Lösungsmittel in der metallorganischen Chemie vielfach genutzt.

Die Herstellung der Verbindung gelingt durch Erhitzen von Ethylenglykol in Gegenwart von konz. Schwefelsäure.

9.2 Dibenzodioxine

Als extreme Umweltgifte, selbst in geringsten Konzentrationen, haben Dioxine in den letzten Jahren traurige Bekanntheit erlangt (Seveso-Unfall) [40]. Besonders das 2,3,7,8-Tetrachlordibenzo-*p*-dioxin (TCDD) ist sehr giftig (Chlorakne, Carcinogenität und Terratogenität im Tierversuch). Es kann als

Nebenprodukt bei der Herstellung von Insektiziden und Phenolharzen auftreten (beispielsweise als Kondensationsprodukt des 2,4,5-Trichlorphenols). Die chlorierten Dibenzodioxine können auch in geringen Mengen bei der Verbrennung chlorhaltigen Komponenten (z.B. PVC) bei der Müllverbrennung entstehen, was jedoch bei Temperaturen über 1200 °C weitgehend vermieden werden kann. Ihre Synthese gelingt auf einfache Weise durch Umsetzen von chlorierten Aromaten mit Alkalien.

2,3,7,8-Tetrachlordibenzodioxin (TCDD)

9.3 Morpholin

Morpholin (Tetrahydro-1,4-oxazin) ist ein basisches Lösungsmittel und findet als sekundäres Amin in der Enamin-Synthese Verwendung. Es besitzt den typischen intensiven Amingeruch, ist mit den meisten organischen Lösungsmitteln und auch Wasser mischbar und wirkt ätzend auf Augen, Haut und Schleimhäute. Länger andauernder Kontakt kann zu Leber- und Nierenschäden führen (MAK 70 mg/m^3). Es ist ein vielseitig verwertbare Zwischenprodukt (Pharmazeutika, Pestizide, Herbicide, Farbstoffe etc.) und wird großtechnisch aus Ethylenoxid und Ammoniak dargestellt.

Morpholin

10 Sechsringheterocyclen mit mehreren N-Atomen

Pyridazin   **Pyrimidin**   **Pyrazin**   **Piperazin**

Purin   **Pteridin**

Die hier aufgeführten Heterocyclen sind Azaanaloge des Pyridins und als solche, bedingt durch die zunehmende Elektronegativität, zu den π-elektronenarmen Heteroaromaten zu zählen, so daß sich elektrophile Substitutionen nur noch sehr schwer durchführen lassen. Sie gelingen erst, wenn elektronenspendende Substituenten (+M-Effekt) im Ring vorhanden sind.

10.1 Pyridazin

Pyridazin, eine pyridinähnliche Base (Sdp. 208 °C), kann leicht aus Maleinsäurehydrazid durch Umsetzen mit Phosphoroxichlorid und anschließende Hydrierung dargestellt werden.

POCl_3 H_2/Pd **Pyridazin**

10.2 Pyrimidin

Pyrimidin tritt als Baustein in wichtigen Naturstoffen auf, z.B. im Vitamin B_1, in den Purinen und den Spaltprodukten der Nucleinsäuren. Es ist eine wasserlösliche niedrigschmelzende, kristalline Substanz (Schmp. 20 - 22 °C), die mit Mineralsäuren Salze bildet. Pyrimidine erhält man durch Erhitzen von 1,3-Diketonen mit Formamid auf 180-200 °C.

$$R-\underset{O}{\overset{\|}{C}}-CH_2-\underset{O}{\overset{\|}{C}}-R' \quad\xrightarrow{HCONH_2}\quad R-\underset{\underset{O=HC}{\overset{|}{N}H}}{C}=CH-\underset{O}{\overset{\|}{C}}-R'$$

Formamidoketon

$$\xrightarrow[-\ HCO_2H]{H_2O}\quad R-\underset{NH_2}{C}=CH-\underset{O}{\overset{\|}{C}}-R' \quad\xrightarrow[-\ H_2O]{HCONH_2}\quad \text{Pyrimindin}$$

Pyrimindin

Bei Verwendung von Malondialdehyddiacetal ist sogar unsubstituiertes Pyrimidin unter diesen Reaktionsbedingungen in 65proz. Ausbeute darstellbar.

10.2.1 Naturstoffderivate des Pyrimidins

Bei der hydrolytischen Spaltung von Nucleinsäuren treten u.a. folgende Pyrimidinbasen auf:

Cytosin   **Uracil**   **Thymin**

Cytosin geht bei der Einwirkung von salpetriger Säure in **Uracil** über, das andererseits aber auch durch Kondensation von Harnstoff mit Formylessigsäure darstellbar ist. Diese erhält man durch Erhitzen von Äpfelsäure mit konz. Schwefelsäure. Die methylierte Form **Thymin** ist Bestandteil der DNS, kommt in der RNS vor und Cytosin in beiden Nucleinsäuren.

Äpfelsäure   **Formylessigsäure**   **Uracil**

Weitere wichtige Pyrimidinabkömmlinge sind die **Barbiturate**, die durch Kondensation von Malonsäurediestern mit Harnstoff in Gegenwart von Natriumalkoholat dargestellt werden können.

Barbitursäure

Barbitursäure bildet farblose Prismen, die sich in heißem Wasser lösen (pK_a-Wert: 3.9). Werden die H-Atome der aktiven Methylengruppe durch Alkylreste ersetzt, so sinkt die Acidität ab. Dialkylierte Barbitursäuren erhält man nach obigem Verfahren aus Dialkylmalonsäureester und Harnstoff.

Veronal   **Luminal**   **Evipan**

Die hier aufgeführten Barbiturate sind analgetisch wirksam und finden als Schlafmittel und in der Anästhesie als Narkotica Verwendung.

10.3 Naturstoffderivate des Purins

Zu den bicyclischen Heterosystemen zählen einige Naturstoffklassen, in denen zwei verschiedene Heterocyclen miteinander kondensiert sind. Zu ihnen werden die **Purine** und **Pterine** gerechnet. Die Purine stellen eine im Tier- und Pflanzenreich höchst wichtige Stoffklasse dar und sind als bicyclisches Ringsystem aus einem Pyrimidin- und einem Imidazolring aufgebaut. Die Stammverbindung, das Purin oder Imidazo(4,5-d)pyrimidin kommt frei in der Natur nicht vor. Sie besitzt ein aromatisches 10π-Elektronensystem.

Purin

Von diesem Ringskelett leiten sich einige physiologisch wichtige Derivate ab,
wie z.B. **Harnsäure** und **Xanthin**, die im Blut und im Harn vorkommen.
Harnsäureablagerungen können zur Gicht und zu Blasen- und Nierensteinen
führen. Harnsäure ist eine farblose kristalline Substanz, die im Gegensatz zur
Barbitursäure nur schwach sauer reagiert (pK_a-Wert: 5.75), und von *Traube*
erstmals synthetisiert wurde (s. Schema).

Harnsäure

Xanthin

NaOR

Cyanacetylharnstoff

$OH^{\ominus}$

Aminouracil

HNO_2 / $Na_2S_2O_4$

Diaminouracil

$ClCO_2R$

Harnsäure

Die Harnsäure ist das stickstoffhaltige Endprodukt des Eiweißstoffwechsels der
Reptilien und Vögel. Der Harn von Menschen und Säugetieren enthält nur
wenig Harnsäure, jedoch kann es zu pathologischen Harnsäureablagerungen
kommen, die überwiegend aus dem Natrium- oder Ammoniumsalz der Harnsäure bestehen. Xanthin findet sich im Blut, im Harn und in der Leber.
Als Abkömmlinge des Xanthins kommen Guanin und Adenin als Bausteine in
den Nucleinsäuren vor. Außerdem ist Adenin ein Bestandteil bestimmter Coen-

zyme. Die Synthese von Purinen wird meist ganz allgemein nach dem Verfahren von *Traube* durchgeführt. Als bekannteste N-methylierte Purinbase der Xanthin-Reihe muß schließlich noch das Coffein erwähnt werden, das sich von den bereits erwähnten Purinderivaten durch seine stark stimulierende Wirkung unterscheidet.

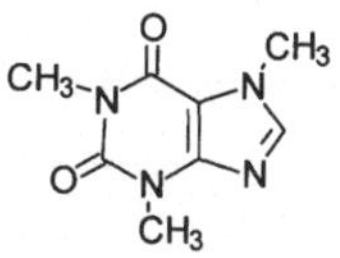

Coffein 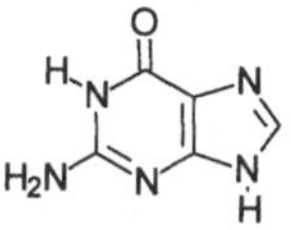   **Guanin** 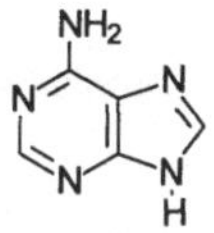   **Adenin**

Neben den oben beschriebenen Pyrimidinbasen Cytosin, Uracil und Thymin treten Adenin und Guanin als weitere Spaltprodukte von Nucleinsäuren auf.
Zu den aus Ribo- oder Desoxiribonucleinsäuren isolierten Basen gehören die nachstehend aufgeführten Pyrimidinderivate Cytosin, Uracil, Thymin und 5-Methylcytosin und die Purinabkömmlinge Adenin und Guanin:

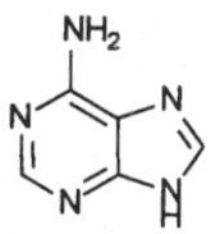

Adenin (RNA, DNA 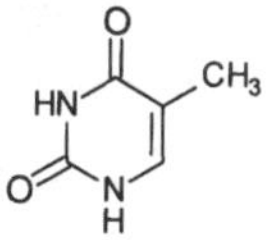)   **Thymin (DNA 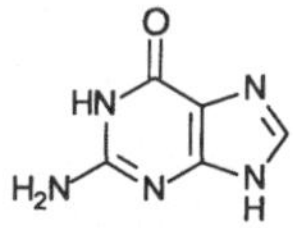)**   **Guanin (RNA, DNA)**

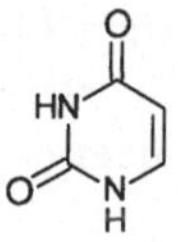

Uracil (RNA 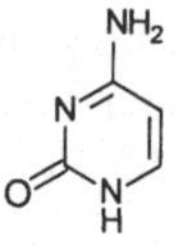)   **Cytosin (RNA, DNA 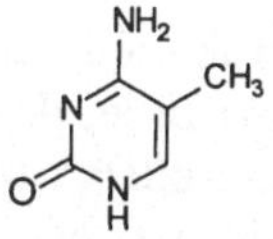)**   **Methylcytosin (DNA)**

Diese Basen sind *N*-glykosidisch mit dem Zucker (D-Ribose oder 2-Desoxi-D-ribose) verknüpft und bilden die Nucleoside. Die Nucleoside sind bei den Pyrimidinbasen durch die Endung "-idin" wie z.B. **Uridin** und **Thymidin** gekennzeichnet.

Uridin (aus RNA)

Thymidin (aus DNA)

Ist der Zucker in den Nucleosiden mit Phosphorsäure (bzw. Di- oder Triphosphorsäure) verestert, so liegen die Nucleotide vor, die als die eigentlichen Bausteine der Nucleinsäuren anzusehen sind.

Adenosintriphosphat (ATP)

10.4 Pterine

Dem Purin strukturell verwandt ist das bicyclische Ringsystem **Pteridin**, eine gelbe,kristalline Base, deren Derivate zuerst aus Schmetterlingsflügeln und anderen Insekten isoliert worden sind. In der Pteridinmolekel liegt ein Pyrimidin- und ein Pyrazinring vor.

Pteridin

Pterin

Riboflavin (Vitamin B_2) ist ein in der Natur weit verbreiteter gelber Farbstoff, der als Benzopteridin-Derivat aufgefaßt werden kann und ein wichtiger Wachstumsfaktor für Tiere und Mikroorganismen darstellt.

Riboflavin (Vitamin B2)

Das chinoide System kann leicht hydriert werden (Redoxsystem). Riboflavin ist der stärkste H-Überträger der Biochemie.

Ein anderer Wirkstoff der Vitamin B-Reihe von Bedeutung ist die **Folsäure**. Sie spielt als Wuchsstoff für eine Vielzahl von Mikroorganismen. eine Rolle. Sie wurde zuerst aus Leberextrakten und später aus Spinatblättern isoliert. Sie beeinflußt die Blutbildung und wird kombiniert mit Vitamin B_{12} als Heilmittel gegen perniciöse Anämie verwendet.

Folsäure

Die Konstitutionsaufklärung der Folsäure ergab, daß sie den Pteridinring sowie *p*-Aminobenzoesäure und Glutaminsäure in peptidartiger Bindung enthält. Sie wird deshalb auch oft als Pteroylglutaminsäure bezeichnet.

11 Siebenringheterocyclen

Zugang zu heterocyclischen Siebenringsystemen erhält man am einfachsten durch Cycloaddition von Nitren an Benzol. Durch Bestrahlen von Azidoameisensäureester erhält man das intermediär auftretende hochreaktive Nitren, das sich in einer [2+2] π-Elektronen-Cycloaddition an Benzol addiert und zum Azepin-1-carbonsäureester führt.

Nitren   **Azepincarbonsäureester**

Pharmakologisch von Interesse sind die benzokondensierten Azepinderivate. Einige dieser Verbindungen besitzen als Psychopharmaka depressionslösende und stimmungshebende Wirkung wie z. B. die handelsüblichen Präparate **Librium** und **Valium**, die heute zu den meist verwendeten Tranquilizern zählen.

Chlordiazepin-oxid
(Valium, Librium)

11 Literaturverzeichnis

Bücher

[1]   R. M. Acheson, *An Introduction to the Chemistry of Heterocyclic Compounds*, 2. Aufl., John Wiley & Sons, New York **1967**.

[2]   L. A. Paquette, *Priciples of Modern Heterocyclic Chemistry*, Benjamin, New York **1966**.

[3]   J. A. Joule, G. F. Smith, *Heterocyclic Chemistry*, 2. Aufl., Van Nostrand Reinhold, New York **1979**.

[4]   T. L. Gilchrist, *Heterocyclic Chemistry*, Longman, Harlow **1985**.

[5].   D. T. Davies, *Aromatic Heterocyclic Chemistry*, Oxford Univ. Press, Oxford **1992**.

[6]   A. R. Katritzky, J. M. Lagowski, *The Principles of Heterocyclic Chemistry*, Chapman and Hall, London 19xy

[7]   T. Eicher, S. Hauptmann, Chemie der Heterocyclen, Thieme, Stuttgart **1994**

Serien

[1]   *Heterocyclic Compounds* in *Rodd's Chemistry of Carbon Compounds* (Hrsg.: S. Coffey), Bd. 4A-4K, Elsevier, Amsterdam **1973-1986**.

[2]   *Heterocyclic Chemistry* (Hrsg.: C. Elderfield), Bd. 1-9, Wiley, New York **1950-1967**.

[3]   A. R. Katritzky, A. J. Boulton, *Advances in Heterocyclic Chemistry*, Bd. 1-45, Academic Press **1963-1989**.

[4]   *Comprehensive Heterocyclic Chemistry* (Hrsg.: R. Katritzky, C. W. Rees), Bd. 1-8, Pergamon Press, Oxford **1984**.

[5]   *The Chemistry of Heterocyclic Compounds* (Hrsg.: Weissburger, E. C. Taylor), John Wiley & Sons, New York **1950-1990**.

[6]   *Progress in Heterocyclic Chemistry* (Hrsg.: H. Suschitzky and E. F. Scriven), Pergamon Press, Oxford, U. K.

[7]   *Advances in Heterocyclic Natural Product Synthesis* (Hrsg.: W. H. Pearson), JAI Press, Greenwich, Connecticut, USA.

[8]   *Advances in Nitrogen Heterocycles* (Hrsg.: C. Moody), JAI Press, Greenwich, Connecticut, USA.

124

Zeitschriften

[1]   *Journal of Heterocyclic Chemistry*
[2]   *Heterocycles*
[3]   *Advances in Heterocyclic Chemistry*

Referenzen

[1]   R. W. Murray, *Chem Rev.* **1989**, *89*, 1187-1201.

[2]   W. Adam, J. Bialas, L. Hadjiarapoglou, *Chem. Ber.* **1991**, *124*, 2377.

[3]   R. Jansen, B. Kunze, H. Reichenbach, E. Jurkiewicz, G. Hunsmann, G. Höfle, *Liebigs Ann. Chem.* **1992**, 357-359.

[4]   A. R. Katritzky, M. Kareison, N. Malhotra, *Heterocycles* **1991**, *32*, 127-161.

[5]   P. Brougham, M. S. Cooper, D. A. Cummerson, H. Heaney, N. Thompson, *Synthesis* **1987**, 1015-1017.

[6]   T. Katsuki, K. B. Sharpless, *J. Am. Chem. Soc.* **1980**, *102*, 5976-5978.

[7]   M. G. Finn, B. K. Sharpless, *On the Mechanism of Asymmetric Epoxidation with Titanium-Tartrate Catalysts* in *Asymmetric Synthesis* (Hrsg.: J. D. Morrison), Band 5, Academic Press, New York, **1985**, pp. 247-308.

[8]   E. J. Corey, M. Chaykovsky, *J. Am. Chem. Soc.* **1962**, *84*, 867-868.

[9]   J. K. Crandall, L. C. Crawley, *Org. Synth.*, *53*, 17.

[10]   D. D. Reynolds, D. L. Fields, D. L. Johnson, *J. Org. Chem.* **1961**, *26*, 5130-5133.

[11]   F. A. Davis, A. C. Shepard, *Tetrahedron* **1989**, *45*, 5703-5742.

[12]   F. A. Davis, B.-C. Chen, *Chem. Rev.* **1992**, *92*, 919-934.

[13] N. K. Chadha, A. D. Batcho, P. C. Tang, L. F. Courtney, C. M. Cook, P. M. Wovkulich, M. R. Uskokovic, *J. Org. Chem.* **1991**, *56*, 4714-4718.

[14] J. Mulzer, *Comprehensive Organic Transformations* (Hrsg.: B. M. Trost, I. Fleming), Band 6, Pergamon Press, Oxford, **1991**, p. 342 ff.

[15] A. Pommier, J.-M. Pons, *Synthesis* **1993**, 441-459.

[16] D. N. Johnson, M. A. Osman, L. K. Cheng, E. A. Swinyard, *Epilepsy Res.* **1990**, *5*, 185-191.

[17] K. Suzuki, T. Matsumoto, *Total Synthesis of Aryl C-Glycoside Antibiotics* in *Recent progress in the Chemical Synthesis of Antibiotics and Related Microbial Products* (Hrsg.: G. Lukacs), Band 2, Springer-Verlag, Heidelberg, **1993**, pp. 353-403.

[18] *Antibiotics and Antiviral Compounds. Chemical Synthesis and Modification* (Hrsg.: K. Krohn, H. A. Kirst, H. Maag), VCH Verlagsgesellschaft, Weinheim, **1993**.

[19] J. C. Sheehan, K. R. Henery-Logan, J. Am. Chem. Soc. **1959**, *81*, 3089.

[20] C. Hubschwerlen, J.-L. Specklin, *Org. Synthesis* **1993**, *72*, 14-20.

[21] J. Mann, H. J. Holland, *Tetrahedron* **1987**, *43*, 2533-2542.

[22] E. Vogel, J. Dörr, A. Herrmann, J. Lex, H. Schmickler, P. Walgenbach, J. P. Gisselbrecht, M. Gross, *Angew. Chem.* **1993**, *105*, 1667-1669; *Angew. Chem. Int. Ed. Engl.*, **1993**, *32*, 1597-1599.

[23] V. du Vigneaud, K. Hofmann, D. B. Melville, P. Gyorgy, *J. Biol. Chem.* **1941**, *140*, 643-651.

[24] A. Gossauer, Springer Verlag, *Chemie der Pyrrole*, Springer Verlag, Berlin, **1974**.

[25] A. R. Battersby, *Pure Appl. Chem.* **1993**, *65*, 1113-1122.

[26] D. Bradley, *Science* **1993**, *261*, 1117.

[27] G. Höfle, W. Steglich, H. Vorbrüggen, *Angew. Chem.* **1978**, *90*, 602-615; *Angew. Chem. Int. Ed. Engl.*, **1978**, *17*, 569-582.

[28] K. Hafner, *Angew. Chem.* **1958**, *70*, 419-430.

[29] A. W. Hofmann, *Liebigs Ann. Chem.* **1851**, *78*, 253-286.

[30] J. von Braun, *Ber. Dtsch. Chem. Ges.* **1907**, *40*, 3914-3933.

[31] S. von Kostanecki, R. Levi, J. Tambor, *Ber. Dtsch. Chem. Ges.* **1889**, *32*, 326-332.

[32] W. R. Pötsch, A. Fischer, W. Müller unter Mitarbeit von H. Cassebaum, *Lexikon bedeutender Chemiker*, Verlag Harri Deutsch, Frankfurt, **1989**.

[33] P. L. Fuchs, T. F. Braish, *Chem. Rev.* **1986**, *86*, 903-917.

[34] R. B. Woodward, R. Hoffmann, *Die Erhaltung der Orbitalsymmetrie*, Verlag Chemie, Weinheim, **1970**.

[35] L. Styrer, *Biochemie*, 4. ed., Spektrum Akademischer Verlag, Heidelber, **1991**.

[36] H. Stetter, H. Kuhlmann, *Chem. Ber.* **1976**, *109*, 2890-2896.

[37] A. Dondoni, *Carbohydrate Synthesis via Thiazoles* in *Modern Synthetic Methods* (Hrsg.: R. Scheffold), Band 6, Salle und Sauerländer, Frankfurt an Main, **1992**, 377-437.

[38] A. Dondoni, D. Perrone, *Synthesis* **1993**, 1162-1176.

[39] H. Bredereck, R. Gompper, H. G. v. Schenk, G. Theilig, *Angew. Chem.* **1959**, *71*, 753-774.

[40] (a) J. Sambert, *Chimia* **1982**, *36*, 128; (b) Übersicht: G. Fellenberg, Chemie der Umweltbelastung, B. G. Teubner, Stuttgart **1992**, S. 179 ff.

Sachwörterverzeichnis

Kunz
Molecular Modelling für Anwender

Anwendung von Kraftfeld- und MO-Methoden in der organischen Chemie

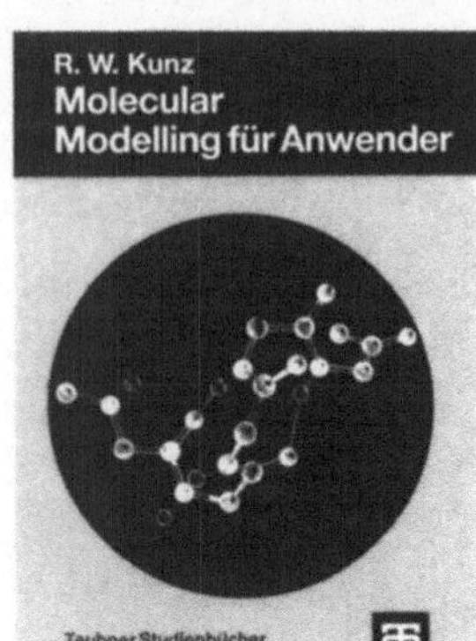

Dieses Buch vermittelt dem nicht spezialisierten Anwender von Molecular-Modelling-Paketen die notwendigen Konzepte, um ihn in die Lage zu versetzen, Programmeldungen richtig einzuordnen und zu entscheiden, ab welchem Moment er sich mit einem Spezialisten in Verbindung setzen sollte. Das vermittelte Wissen über Strukturbegriffe, Hyperflächen, Optimierungsmethoden, Kraftfelder, ab initio und semiempirische MO-Methoden und Interpretationshilfen wird ein effizientes Gespräch mit Spezialisten möglich machen.

Das Buch setzt lediglich Grundkenntnisse in Mathematik, Physik und physikalischer Chemie voraus, die üblicherweise nach Abschluß der mittleren Ausbildung vorhanden sind, und stellt damit eine geeignete Einstiegshilfe für Diplomanden und Doktoranden dar.

Auf mathematische Herleitungen wird vollständig verzichtet und mathematische Formeln werden nur soweit angegeben, als die darin vorkommenden Größen von üblichen Programmen numerisch ausgegeben werden.

Für den Einsteiger werden Übungen und exemplarische Beispiele angeboten. Alle Beispiele werden mit Programmen behandelt, die Hochschulen von den jeweiligen Autoren der einzelnen Softwarepakete zum Selbstkostenpreis zur Verfügung gestellt werden können und keine spezielle Hardware verlangen.

Von Dr. **Roland W. Kunz**
Universität Zürich

1991. 243 Seiten.
13,7 x 20,5 cm.
Kart. DM 29,80
ÖS 233,– / SFr 29,80
ISBN 3-519-03511-1

(Teubner Studienbücher)

Preisänderungen vorbehalten.

B. G. Teubner Stuttgart

Hauptmann
Reaktion und Mechanismus in der organischen Chemie

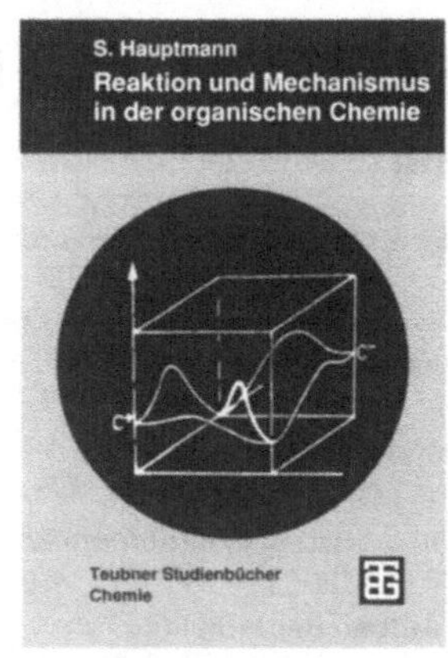

Der gegenwärtige Stand der organischen Chemie ermöglicht die Planung und Realisierung der Totalsynthese von Verbindungen mit äußerst komplizierter Struktur. Zur Erzielung einer hohen Chemo-, Regio- und Stereoselektivität bei den als Syntheseschritte in Betracht gezogenen Reaktionen sind Kenntnisse über deren Mechanismlus unerläßlich. Struktur der Edukte und Reaktionsbedingungen bestimmen den Reaktionsmechanismus und somit die Struktur der Produkte. Obschon jede chemische Reaktion für sie typische Reaktions- und Aktivierungsparameter sowie einen charakteristischen Mechanismus aufweist, gibt es allgemeingültige Modelle, Prinzipien und Gesetzmäßigkeiten, die eine Beschreibung und Erklärung der submikroskopischen Bewegungsabläufe im reagierenden System ermöglichen. Im vorliegenden Buch wird zuerst die Sonderstellung des Elementes Kohlenstoff begründet. Davon ausgehend werden im Abschnitt 2 die Grundbegriffe der elektronischen Struktur organischer Verbindungen behandelt, soweit sie für das Verständnis von Reaktivität und Selektivität erforderlich sind. Es folgen im Abschnitt 3 die Grundbegriffe der Reaktionen organischer Verbindungen. Im Abschnitt 4, dem Hauptteil des Buches, werden die Mechanismen der wichtigsten Reaktionstypen beschrieben, und zwar: Substitutionsreaktionen, Additionsreaktionen, Eleminierungen, Isomerisierungen, Reaktionen der Carbonylverbindungen mit Nucleophilen, Reaktionen der Carbonsäuren und ihrer Derivate mit Nucleophilen, Reaktionen ambienter Verbindungen, Oxidationen und Reduktionen, elektrochemische, photochemische und enzymatische Reaktionen organischer Verbindungen. Im Abschnitt 5 schließlich wird die Aufklärung des Mechanismus einiger ausgewählter Reaktionen detailliert erläutert.

Von Prof. Dr.
Siegfried Hauptmann,
Universität Leipzig

1991. II, 227 Seiten.
13,7 x 20,5 cm.
Kart. DM 28,80
ÖS 225,– / SFr 28,80
ISBN 3-519-03515-4

(Teubner Studienbücher)

Preisänderungen vorbehalten.

B. G. Teubner Stuttgart

Teubner Studienbücher

Chemie

Aurich/Rinze: **Chemisches Praktikum für Mediziner**
2. Aufl. 240 Seiten. DM 28,80 / ÖS 225,– / SFr 28,80

Breitmaier: **Vom NMR-Spektrum zur Strukturformel organischer Verbindungen**
Ein kurzes Praktikum der NMR-Spektroskopie
2. Aufl. 261 Seiten. DM 39,80 / ÖS 311,– / SFr 39,80

Ebert: **Biopolymere**
543 Seiten. DM 59,80 / ÖS 467,– / SFr 59,80

Elschenbroich/Salzer: **Organometallchemie**
Eine kurze Einführung. 3. Aufl. 562 Seiten. DM 46,– / ÖS 359,– / SFr 46,–

Engelke: **Aufbau der Moleküle**
Eine Einführung. 2. Aufl. 339 Seiten. DM 44,– / ÖS 343,– / SFr 44,–

Fellenberg: **Chemie der Umweltbelastung**
2. Aufl. 265 Seiten. DM 32,– / ÖS 250,– / SFr 32,–

Fuhrmann: **Allgemeine Toxikologie**
201 Seiten. DM 26,80 / ÖS 209,– / SFr 26,80

Hauptmann: **Reaktion und Mechanismus in der organischen Chemie**
227 Seiten. DM 28,80 / ÖS 225,– / SFr 28,80

Hennig/Rehorek: **Photochemische und photokatalytische Reaktionen von Koordinationsverbindungen**
164 Seiten. DM 24,80 / ÖS 194,– / SFr 24,80

Kaim/Schwederski: **Bioanorganische Chemie**
zur Funktion chemischer Elemente in Lebensprozessen
462 Seiten. DM 44,80 / ÖS 350,– / SFr 44,80

Kunz: **Molecular Modelling für Anwender**
Anwendung von Kraftfeld- und MO-Methoden in der organischen Chemie
243 Seiten. DM 29,80 / ÖS 233,– / SFr 29,80

Levine/Bernstein: **Molekulare Reaktionsdynamik**
607 Seiten. DM 59,80 / ÖS 467,– / SFr 59,80

Müller: **Anorganische Strukturchemie**
2. Aufl. 318 Seiten. DM 36,– / ÖS 281,– / SFr 36,–

Primas/Müller-Herold: **Elementare Quantenchemie**
2. Aufl. 398 Seiten. DM 39,– / ÖS 304,– / SFr 39,–

Vögtle: **Cyclophan-Chemie.** Synthesen, Strukturen, Reaktionen
Einführung und Überblick
595 Seiten. DM 48,– / ÖS 375,– / SFr 48,–

Vögtle: **Reizvolle Moleküle der Organischen Chemie**
402 Seiten. DM 39,80 / ÖS 311,– / SFr 39,80

Vögtle: **Supramolekulare Chemie.** Eine Einführung
2. Aufl. 580 Seiten. DM 49,80 / ÖS 389,– / SFr 49,80

Preisänderungen vorbehalten.

B. G. Teubner Stuttgart

Krohn, K.; Wolf, U.: Kurze Einführung in die Chemie der Heterocyclen

Druckfehlerberichtigung

S.15 $HOO^{\ominus}$

S.16 KOC(CH3)3 / (CH3)3COH

S.16 - HCl

S.17 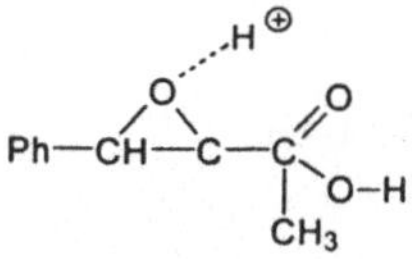

S.22 $CH_3O^{\ominus}/CH_3OH$

S.24 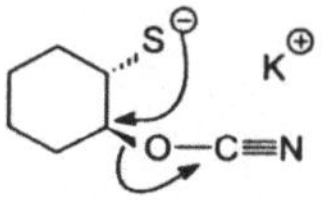

S.26 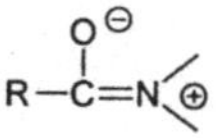

S.26 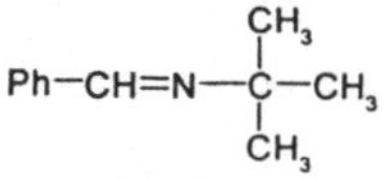

S.28 4 HI

S.31 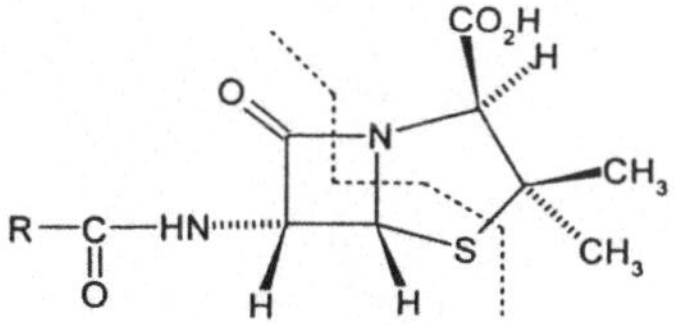

S.75 $\xrightarrow{ONPhN(CH_3)_2\ /\ OH^{\ominus}}$

S.42 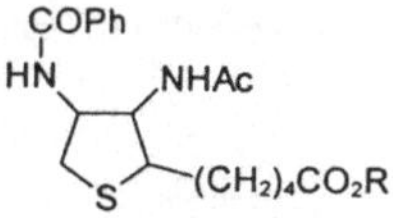

S.47 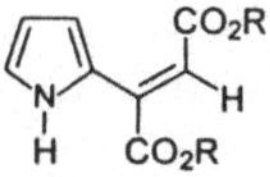

S.61 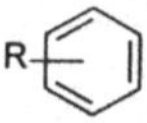 statt 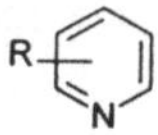

S.68 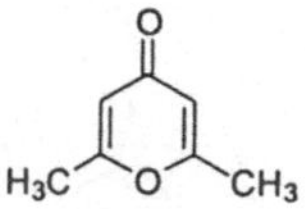

2,6-Dimethyl-γ-pyron

S.75 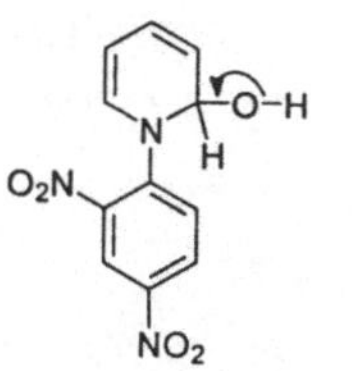

S.75 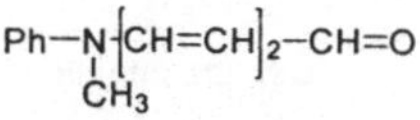

Zincke - Aldehyd

S.77 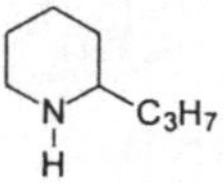

(±)-Coniin (Pfeilgift)

S.77

(±)-Coniin (Pfeilgift)

S.106

S.77 $\xrightarrow{KMnO_4}$

S.112

S.77 $\underset{-H^{\ominus}}{\overset{+H^{\ominus}}{\rightleftharpoons}}$

S.80 $\underset{-CO_2}{\xrightarrow{HCl/H_2O}}$ $\underset{HI}{\xrightarrow{NaBH_4}}$

S.89

Quercetin

(3,5,7,3´,4´-Pentahydroxyflavon)

Morin

S.91

Dihydrochinolin

S.115

S.91

S.118

Xanthin